교실밖 수학여행

교실밖 수학여행

1994년 5월 25일 1판 1쇄
2007년 3월 5일 1판 23쇄
2007년 9월 30일 2판 1쇄
2023년 5월 20일 2판 17쇄

지은이 김선화·여태경

편집 정은숙·송명주 **교정** 한지연 **디자인** 이혜연 **사진** 김예인, 류정호, 최일주
제작 박흥기 **마케팅** 이병규, 이민정, 최다은, 강효원 **홍보** 조민희
출력 블루엔 **인쇄** 코리아피앤피 **제본** J&D바인텍

펴낸이 강맑실 **펴낸곳** (주)사계절출판사 **등록** 제406-2003-034호
주소 (우)10881 경기도 파주시 회동길 252
전화 031)955-8558, 8588 **전송** 마케팅부 031)955-8595 편집부 031)955-8596
홈페이지 www.sakyejul.net **전자우편** skj@sakyejul.com
블로그 blog.naver.com/skjmail **트위터** twitter.com/sakyejul **페이스북** facebook.com/sakyejul

값은 뒤표지에 적혀 있습니다. 잘못 만든 책은 서점에서 바꾸어 드립니다.
사계절출판사는 성장의 의미를 생각합니다. 사계절출판사는 독자 여러분의 의견에 늘 귀 기울이고 있습니다.

ISBN 978-89-5828-242-6 03410

교
실
밖
수학
여행
김선화 · 여태경 지음

『교실밖 수학여행』 초판이 세상에 나온 지도 어느덧 13년이 되었다. 청소년들은 물론 일반 대중들이 읽을 만한 수학 교양서가 흔치 않았던 시절에, 수학 교육에 대한 열정 하나로 이 책을 세상에 내놓았다. 13년이란 세월 동안 이 책에 꾸준한 관심과 사랑, 충고를 보내주신 많은 분들께 지면을 빌려 감사드린다.

초판이 나온 이래 책을 읽으신 분들이 내용상 아쉬운 점이나 삽화에서 개선할 점, 그리고 문맥상 잘못 이해할 우려가 있는 부분을 애정 어린 시선으로 짚어 주셨다. 쇄를 거듭하면서 정정하고 보완하였으나 부분적인 수정에 그쳤을 뿐, 그동안 독자들이 충고해 준 내용들과 변화한 생활환경을 반영해 대폭 개정하지는 못했다. 이번 기회에 초판의 내용을 전반적으로 손보면서 삽화도 풍부하게 마련해 컬러 개정판을 내놓는다. 이번 개정 작업에서 중점을 둔 사항은 다음과 같다.

첫째, 현행 교육과정에 맞추어 내용을 수정하고 보완했다. 7차 교육과정이 시행된 지도 꽤 되었고, 이제 새로운 교육과정 시행을 눈앞에 두고 있다. 청소년들이 교과서에서 접해 보지 못한 흥미로운 수학 이야기를 이 책에 마음껏 담고 싶었으나, 우선 교과 내용을 소화해야 하는 청소년들의 부담을 덜고자 주로 교육과정에 맞는 내용을 담으려고 노력했다.

둘째, 지나치게 기초적인 내용은 자칫 수학의 경이로움을 반감하지 않을까 싶어서, 반면에 너무 어려운 내용은 난해한 문제집을 푸는 듯한 좌절감과 지루함을 심어 주지 않을까 해서 과감히 생략했다.

셋째, 수학의 주요한 개념과 원리를 친근한 예화를 곁들여 충실하게 설명하려고 했다. 초판에서 다소 억지스러운 설정으로 여겨졌을 만한 예화를 더 적절한 예화로 바꾸고, 문맥상 비약이 있거나 자연스럽게 연결되지 않는 부분은 설명을 보태어 이해하는 데 어려움이 없도록 했다.

넷째, 삽화를 풍부하게 실었다. 수학의 역사, 수학자들의 모습, 일상생활 속의 수학 등을 보여 주는 삽화를 통해서 청소년들이 수학의 세계에 부담 없이 다가와 호기심과 재미를 느끼길 바랐다.

수학은 무척 재미있는 학문이다. 그런데 대부분의 청소년들이 기호와 공식에 질려 마냥 어려워하면서 수학의 세계에 푹 빠질 엄두를 못 내니 안타깝다. 이 책이 청소년들에게 수학에 대한 흥미와 탐구욕을 불러일으켰으면 좋겠다. 끝으로, 개정판을 만드는 데 힘써 주신 송명주 씨를 비롯한 사계절출판사 관계자 분들께 고마운 마음을 전하고 싶다.

2007년 8월

김선화, 여태경

나른한 오후. 졸음을 쫓으려 애쓰는 아이들의 힘겨운 모습, 그리고 수학에 관심 없는 아이들의 작은 웅성거림, 그 속에서도 변함없이 울리는 내 목소리. 이럴 때 피타고라스 정리의 중요성과 증명 방법이 무슨 소용이 있으랴.

"애들아! 옛날 피타고라스 시대의 사람들은 콩을 먹지 않았다는구나."

단번에 집중하는 눈동자들.

"왜요?"

"아, 글쎄, 그 시대 사람들은 콩을 도형의 기본이 되는 점으로 생각했기 때문에 검은 콩을 신성하게 여겼대."

깔깔깔 터지는 웃음소리.

교과서에 쉬어 가는 페이지로 소개된 '페르마의 대정리'. 무슨 뜻인지 감을 잡기 어렵지만, 내 설명에 고개를 끄덕거리던 아이들.

"페르마의 대정리는 아직 증명되지 않았단다. 아마 미해결 문제로 남을 것 같구나."

"어, 선생님! 며칠 전 신문 기사가 기억나는데요, 페르마의 대정리요, 증명되었대요."

나보다 빠른 아이들. 그 아이들의 초롱초롱한 눈빛.

수학을 왜 배우느냐고 묻는 아이들의 질문에 나는 첫째, 여러 학문을 다룰 때 기초가 되니까, 둘째, 논리적 사고를 키워 주니까, 셋째, 앎의 즐거움을 선사하니까…… 이렇게 번호를 붙여 가며 나름대로 대답한다. 하지만 아이들은 과연 그럴까 하는 눈으로 나를 쳐다본다. 지나친 욕심일지는 모르겠지만, 솔직히 난 아이들이 수학을 '즐거우니까' 배웠으면 한다. 이 책은 그런 욕심에서 쓰게 되었다.

이 책은 청소년들이 교과서로 수학을 공부하면서 충분히 이해하지 못했던 내용, 문제집을 풀면서 왜 이렇게 해야 하나 의아해했던 내용 등을 선별하여 자세하게 설명했다. 그리고 글의 전개에도 유념했는데, 먼저 청소년들이 공부하면서 자주 부딪치는 의문이나 실수를 예화로 들려준 뒤에 그 이유를 밝힘으로써 수학의 기본 개념이나 원리에 충실하게 접근하고, 이를 바탕으로 사고의 폭을 넓히도록 하는 방향으로 써 나갔다. 전체 구성은 크게 다섯 부분, 즉 수와 집합, 대수, 함수, 기하, 최신 수학과 기타로 이루어져 있다. 이러한 구성은 고등학교 1학년 『일반 수학』의 체계를 따른 것이다. 각 장은 다시 여러 개의 소주제로 구성되어 있다. 각 주제는 서로 연관되어 있으면서도 독립적으로 구성하여 관심 있는 주제부터 보더라도 상관없도록 했다.

이 책은 학생들이 수학 공부를 하면서 스스로 궁금증을 갖고 알아 나가도록 한 것이지만, 한편으로는 선생님들이 수업 시간에 활용할 수 있도록 마음을 썼다. 재미있는 이야깃거리뿐 아니라 교과서에는 감추어져 있는 새로운 시각과 다양한 접근 방법, 최신의 이론들을 적절히 이용하면 수업에 작은 보탬이 될 듯하다.

이 책을 완성하기까지 나름대로 많이 노력했지만 그래도 부족한 면이 있다. 모쪼록 청소년들이 이 책을 통해 수학에 조금이라도 애정을 갖고 수학적 사고를 키울 수 있기를 바랄 뿐이다. 그리고 수학을 가르치는 데 즐거움과 보람을 느끼시는 선생님들께 도움이 되었으면 하는 마음 간절하다. 이 책이 나오기까지 애써 주신 사계절출판사 여러분께 감사드리며, 특히 강윤재 씨에게 고마움을 표한다. 그리고 이 작업을 할 수 있도록 작은 디딤돌이 되어 준 친구 이진주 씨에게 감사의 마음을 전한다. 또한 그동안 늘 따뜻한 사랑과 애정 어린 눈길로 지켜봐 준 가족, 지칠 때 힘이 되어 준 가까운 분들께도 감사드린다. 마지막으로, 이 작업을 하는 동안 항상 내 주위를 맴돌던 사랑스런 제자들에게 고맙고 미안한 마음을 전하고 싶다.

1994년 5월

김선화, 여태경

차례

2. 대수 이야기

3. 함수 이야기

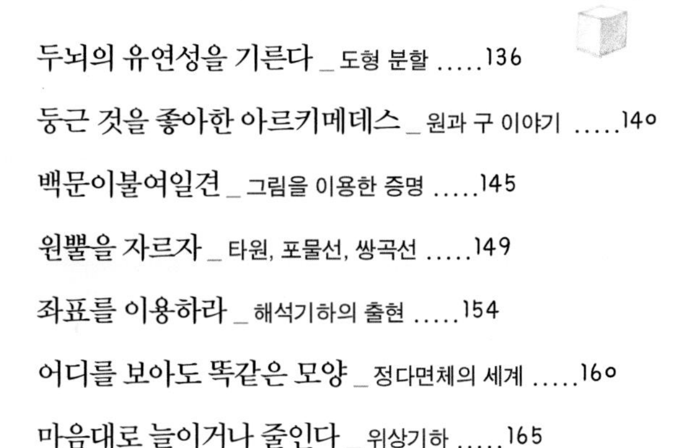

4. 기하 이야기

5. 최신 수학과 그 밖의 이야기

1. 수와 집합 이야기

부시맨과 염소

수를 세는 방법

초목이 우거진 드넓은 평원. 이곳에 키 작고 피부 까맣고 코 납작한 원주민들이 사냥을 하며 오순도순 살고 있다. 그러던 어느 날 갑자기 하늘에서 난생처음 보는 호리병 같은 물건이 하나 떨어진다. 이를 계기로 고요하던 원시 마을은 술렁이기 시작한다.

영화 「부시맨」의 첫 장면이다. 이 영화는 아프리카 초원 위를 날던 비행사가 무심코 버린 콜라 병 때문에 생기는 재미있는 사건들을 엮은 것으로, 전문 배우가 아닌 실제 원주민이 주인공으로 출연하여 많은 이야깃거리를 낳았다. 촬영을 마친 영화감독은 돈이 무엇인지 전혀 모르는 부시맨에게 출연료로 염소를 수십 마리 사 주었다고 한다. 여기서 다음과 같은 재밌는 상황을 생각해 볼 수 있다. 부시맨은 생활이 단순하고, 경제 활동도 그다지 복잡하지 않아서 10이 넘는 수를 세지 못한다고 한다. 10을 넘어가는 수는 그냥 "많다." 한다. 이런 그들에게 갑자기 '많은' — 적어도 그들에게는 — 염소가 생겼다. 그러던 중 염소 한 마리가 도망갔다고 치자. 과연 그들은 염소가 없어진 것을 알 수 있을까? 수를 셀 수 있는 사람이라면 궁금할 때마다 염소를 세어 보면 될 테니까 그리 어렵지 않겠지만, 부시맨이 큰 수를 셀 수 없다는 것을 생각하면, 글쎄 어떨까?

"하나, 둘, 셋……" 하지 못하던 시절

이러한 상황은 인류가 아직 수 세기를 하지 못했을 때 겪었을 어려움을 짐작케 해 준다. 사람들은 수를 세지 못해서 일어나는 문제를 어떤 방법으로 해결했을까? 이때 찾아낸 것이 다름 아닌 일대일대응을 적용한 '눈금 새기기'였다. 예컨대 염소 우리 옆에 있는 나무에다 염소 한 마리에 대응되는 눈금을 하나씩 새겨 놓고, 염소의 수를 확인하고 싶을 때마다 염소 한 마리에 눈금 하나씩을 짝지어 보아 남는 눈금의 수를 통해 없어진 염소의 수를 알아내는 것이다. 이와 똑같은 원리로 지역에 따라서는 조약돌을 사용하기도 했다.

사람들은 이러한 과정을 통해 점차 물량의 많고 적음을 구별하는 데 익숙해져 갔다. 그러다가 구체적인 수 개념, 즉 많고 적음의 문제에 머무

순록 뿔에 눈금 새기기 구석기 시대에는 상거래를 할 때 파는 사람과 사는 사람이 상품의 개수를 기록하기 위해 순록 뿔에 눈금을 새겼다.

르는 사고를 뛰어넘어 염소 '몇' 마리, 사람 '몇' 명, 나무 '몇' 그루에 대응되는 '수'의 존재성을 서서히 인식하게 되었다. 이러한 수 개념이 싹트면서 사람들은 '눈금 새기기'의 단계를 지나 자기 자신의 신체를 이용해 수를 세는 단계에 접어들었다. 이는 신체 부위마다 수를 하나씩 대응시키는 것이다. 이를테면 오른쪽 새끼손가락부터 엄지손가락까지 차례로 1, 2, 3, 4, 5로 정하고, 오른쪽 손목은 6, 오른쪽 팔꿈치는 7, 오른쪽 어깨는 8, 오른쪽 귀는 9 등과 같이 정해 놓는다. 이럴 경우, 어떤 사람이 낚시를 갔다 오면서 고기를 몇 마리 잡았느냐는 질문을 받았을 때 "오른쪽 귀만큼." 하든가, 말 대신 오른쪽 귀를 만진다면 이는 아홉 마리 잡았다는 뜻이 된다.

그런데 이 방법은 그리 정확하지 않다. 그 사람이 그때 오른쪽 팔꿈치가 간지러워 만진다든지 — 그럼 일곱 마리 잡았다는 뜻이 됨 — 9가 오른쪽 귀인지 왼쪽 귀인지 헷갈려서 "왼쪽 귀." 한다면 전혀 엉뚱한 대답이 되기 때문이다. 게다가 표현할 수 있는 수가 제한적일 수밖에 없다. 그렇다면 수와 대응되는 신체 부위를 일일이 외우지 않고도 수를 정확하고 편리하게 세는 방법은 없을까?

손가락, 발가락으로 수를 세다

그러한 방법을 구하다가 생겨난 것이 손가락과 발가락을 순서대로 접어 가며 수를 세는 것이었다. 이 방법은 수와 신체 부위를 일일이 대응시키는 것이 아니라 수가 커질 때마다 손가락과 발가락을 하나씩 접어 가는 것으로, 계통성을 띤다. 그런데 이 방법에도 여러 가지가 생겨났다. 먼저, 손가락으로 셈을 할 때 1, 2, 3, 4, 5까지 세면 한쪽 손이 접히므로 5를 한 단위로 하는 수 세기법이 나왔다. 이와는 달리 손가락과 발가락을 모두 써서 20을 한 단위로 하는 수 세기법도 나왔다.

한편, 흥미로운 점은 12를 한 단위로 하는 수 세기법이 나왔다는 사실이다. 이것에 대해서 이런 설명이 있다. 사람들이 손가락과 발가락을 이용해 수를 셀 때 손가락은 아주 쉽게 접을 수 있지만 발가락은 그러지 못해서 10을 세고 난 뒤 엄지발가락으로 11을 세는데,

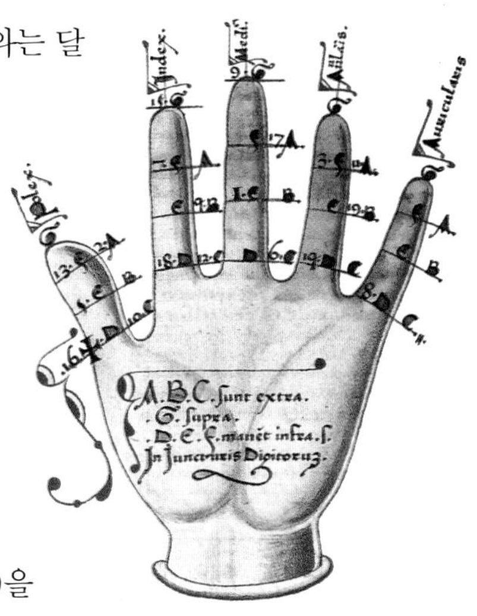

손가락 계산법을 알려 주는 문서
(15세기 서유럽)

이때 자꾸만 나머지 네 발가락이 따라 접혀서 오른쪽 발가락 전체로 11을 세고 왼쪽 발가락 전체로 12를 세어 12를 한 단위로 하는 수 세기법이 나왔다는 것이다. 그런데 5를 한 뭉치로 해서는 너무 적고, 20을 한 뭉치로 해서는 너무 크며, 발가락 사용은 손가락만큼 쉽지 않아서 마침내 사람들은 수를 셀 때 발가락 쓰기는 포기하고 손가락만 쓰게 되었다. 이렇게 해서 10을 한 단위로 하여 수를 세는 10진법이 정착했다.

지금 우리는 아주 자연스럽게 손가락을 접었다 폈다 하며 "하나, 둘, 셋, 넷……." 하고 수를 세지만, 이러한 방법이 정착하기까지는 오랜 세월에 걸쳐 수많은 시행착오를 겪어야 했다.

0, 1, 2, 3, 4, 5, 6, 7, 8, 9는 만국공통어

기수법의 역사

여기는 고대 왕국 바빌로니아의 유물들을 전시해 놓은 박물관. 그런데 쐐기 무늬가 가득 새겨져 있는 저 점토판은 뭘까? 그리고 점토판의 𒁹, 𒌋 같은 무늬에 담겨 있는 의미는 무엇일까?

바빌로니아의 점토판 문서

점토판은 바빌로니아에서 썼던 문서이며, 쐐기 무늬는 문자이다. 그리고 𒁹, 𒌋은 숫자이다. 숫자라면 무조건 0, 1, 2, 3, …… 같은 아라비아 숫자를 떠올리는 이들에게 이러한 숫자는 낯설지도 모른다. 그러나 인류가 처음부터 0, 1, 2, 3, …… 같은 숫자를 썼던 것은 아니다.

문자를 최초로 만든 사람들은 지금으로부터 수천 년 전(기원전 4000 ~ 기원전 3000년) 메소포타미아 지방에 살았던 바빌로니아인이라고 한다. 그들은 처음에는 상징적인 도형을 문자로 쓰다가 뒷날 이보다 기록하기 쉬운 쐐기 모양의 설형문자를 썼다고 한다. 그리고 숫자로는 1을 나타내는 𒁹와 10을 나타내는 𒌋 두 종류를 썼다고 한다.

바빌로니아의 기수법

바빌로니아인들은 수를 표시할 때 60진법을 썼으며, 위치적 기수법의 원리를 써서 큰 수도 무리 없이 나타낼 수 있었다고 한다. 위치적 기수법이란 똑같은 숫자라도 쓰이는 자리에 따라 값이 달라지는 수 표시법이다. 예를 들어 𒁹가 끝자리에 쓰이면 1이지만, 끝에서 두 번째 자리에 쓰이면 60이고, 끝에서 세 번째 자리에 쓰이면 $60^2=3600$이다. 그런데 바빌로니아인들은 빈 자리를 나타내는 기호를 따로 두지 않아서 수를 표시하는 데 큰 불편을 겪었다고 한다. 다음에 나오는 세 가지 숫자는 모두 𒁹를 두 번

나란히 쓴 것이지만 저마다 값이 다르다. 그런데 눈으로 정확하게 구별하기란 어렵다.

𒁹𒁹 ——— 1이 두 개이므로 2.

𒁹 𒁹 ——— 앞의 𒁹는 60(중간에 한 칸 정도 빈 것이 자릿수가 하나 올라갔음을 뜻함), 뒤의 𒁹는 1. 따라서 61.

𒁹 𒁹 ——— 앞의 𒁹는 $60^2=3600$ (중간에 두 칸 정도 빈 것이 자릿수가 두 개 올라갔음을 뜻함), 뒤의 𒁹는 1. 따라서 3601.

𒁹 𒁹 —— 앞의 𒁹는 $60^2=3600$, 뒤의 𒁹는 60 (끝자리가 한 칸 정도 빈 것이 1의 자리가 아님을 뜻함). 따라서 3660.

피라미드와 스핑크스로 유명한 고대 이집트에서는 다음과 같이 자릿수가 올라감에 따라 각각 다른 기호들을 만들고, 10진법을 토대로 각 기호들을 되풀이해 씀으로써 수를 표시했다.

1	10	10^2	10^3	10^4	10^5	10^6
|	∩					
수직 막대기	말굽	나선	연꽃	손가락	올챙이	신에게 경배하는 사람

예를 들어 1426($=1\times10^3+4\times10^2+2\times10+6$)은 다음과 같이 표현했다(이집트인들은 문자를 오른쪽에서 왼쪽으로 써 내려갔음).

이집트 사람들은 이러한 숫자를 가지고 덧셈과 뺄셈도 할 수 있었다고 한다. 그런데 고대 이집트의 기수법은 1, 10, 100, 1000, 10000 등 자릿수가 커짐에 따라 계속 다른 기호를 만들어야 하고 숫자를 반복해서 배열해야 하는 단점이 있었다.

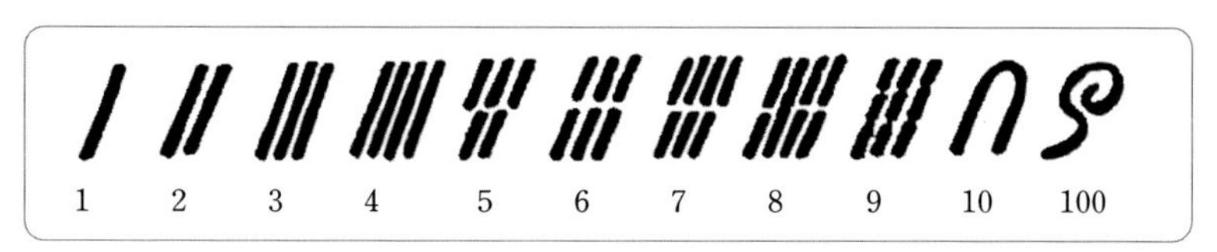

이집트의 기수법

고대 로마의 유적을 살펴보면 로마인들이 수를 표시할 때 5진법을 썼다는 것을 알 수 있다. 그들은 1, 5, 10, 50, 100, 500, 1000을 나타내는 기호로 I, V, X, L, C, D, M을 사용했다. 그리고 고대 이집트의 기수법처럼 기호를 반복해 씀으로써 수를 표시했다. 그래서 큰 수를 표시하기가 너무 불편했다. 실제로 카이사르가 백만 대군을 이끌고 이집트로 싸우러 갔을 때, 이를 기록하는 종군 역사관은 백만을 나타내는 기호가 없어서 하루 종일 'M'을 1000개나 써야 했다고 한다.

로마의 기수법

지금까지 살펴본 것처럼 고대 바빌로니아, 이집트, 로마의 기수법은 나름대로 우수하긴 했지만 저마다 한계가 있어서 보완이 필요하게 되었다. 오늘날 우리가 편리하게 쓰고 있는 기수법이 등장할 수 있었던 것은 인도인들 덕분이다.

인도-아라비아식 10진 위치적 기수법의 등장

오늘날 우리가 흔히 쓰는 아라비아 숫자는 이름으로 짐작하는 것과는 달리 본디 인도에서 생겨났다. 인도는 일찍이 상업이 발달함에 따라 계산 같은 실용 수학이 발달했다. 따라서 복잡한 셈을 간단히 해낼 수 있는 편리한 기수법이 절실하게 필요했다. 그들은 기원전 2세기에 벌써 1에서 9까지를 표시하는 각각 다른 기호를 만들어 냈다. 그 후 이 아홉 개 숫자들은 기원전 2세기에서 기원후 8세기에 이르는 동안 오늘날의 모양으로 변했고, 이러한 과정에서 빈 자리를 나타내는 0이 고안되었다. 그렇게 해서 0, 1, 2, 3, 4, 5, 6, 7, 8, 9라는 숫자들이 탄생했다.

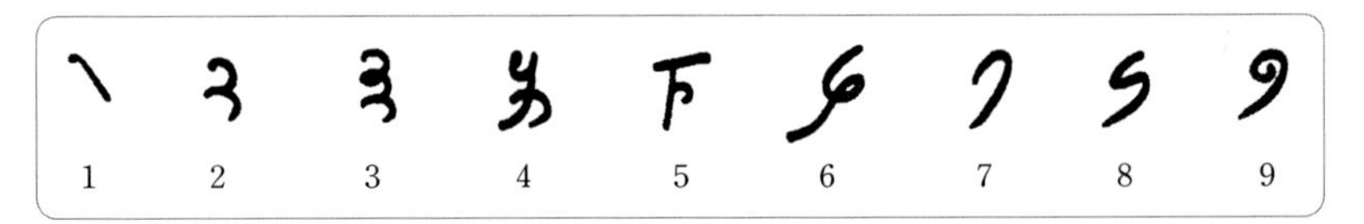

인도의 기수법

인도인들은 이 열 개의 숫자로 10의 배수가 될 때마다 자릿수를 하나씩 늘리는 10진 위치적 기수법을 만들어 냈다. 고대 이집트나 로마에서처럼 자릿수가 올라갈 때마다 새로운 기호를 만들어야 하는 번거로움을 없앤 것이다. 그들은 바빌로니아인들이 수를 표기할 때 애먹었던 빈 자리 문제도 0을 이용함으로써 해결했다.

인도인들이 만들어 낸 이 기수법은 이전의 바빌로니아, 이집트, 로마 기수법의 한계를 극복한 것이라 할 수 있다. 이는 곧 아라비아로 전해져 유럽으로 건너갔는데, 이때부터 인도 숫자는 '아라비아 숫자'로 불리게 되었다. 그렇지만 숫자의 탄생 배경을 따져 보면 '인도-아라비아 숫자'라고 불러야 맞고, '10진 위치적 기수법'도 정확히 표현하자면 '인도-아라비아식 10진 위치적 기수법'인 셈이다. 유럽으로 건너간 10진 위치적 기수법은 처음에는 경원시되었다. 하지만 그것이 지닌 장점이 많았던 터라 마침내 받아들여져서 널리 보급되었으며, 오늘날 만국 공통어가 되었다.

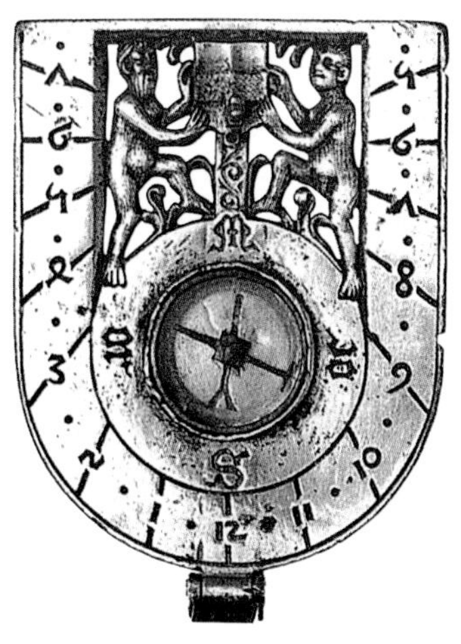

15세기 서유럽의 휴대용 해시계 기존의 로마 숫자 대신 인도-아라비아 숫자가 널리 쓰이는 데 큰 역할을 했다.

제일 큰 소수는 없다

소수 이야기

영심이는 우연히 해외 토픽난에서 다음과 같은 기사를 읽게 되었다.

> '$2^{13466917}-1$'. 이는 인터넷 메르센 소수 연구 프로젝트에 참여하고 있는 캐나다 출신의 마이클 캐머론이 발견한 세상에서 가장 큰 '메르센 소수'이다. 이는 405만 3946자리의 수로, 보통 사람이 그 자릿수를 쓸 경우 3주나 걸릴 만큼 큰 수라고 영국 BBC방송이 전했다. 캐머론은 대형 컴퓨터를 3주 동안 돌려서 이 수를 확인했다.

'아무리 컴퓨터의 도움을 받았다고는 하지만, 405만 3946자리의 소수(素數)를 발견하다니!' 하고 놀라는 영심이. 도대체 이렇게 큰 소수를 어떻게 찾아냈을까? 소수를 찾아내는 일반적인 방법이 있을까? 또 그보다 더 큰 소수도 존재할까?

소수를 찾아라!

소수란 '1과 자신 이외의 약수를 갖지 않는 수', 즉 2, 3, 5, 7, …… 같은 수를 말한다. 반대로 1과 자신 이외의 약수를 갖는 수를 합성수라 한다(1은 소수도 합성수도 아님). 소수는 2000년 전부터 다음과 같이 $2^n \pm 1$의 꼴과 깊은 관련이 있는 것으로 알려져 왔다.

$$3=2^2-1,\ 5=2^2+1,\ 7=2^3-1,\ \cdots\cdots$$

$2^n \pm 1$은 소수와 관련이 깊은 형식이긴 하지만, 소수를 찾아내는 일반적인 방법이 될 수는 없다. 소수 중에는 $2^n \pm 1$로 표현되지 않는 것들이 많으며, $2^n \pm 1$로 표현되는 수들 중에도 소수가 아닌 것이 많기 때문이다. 그래서 많은 사람들이 소수를 쉽게 찾아내는 일반적인 방법에 대해 연구해 왔다. 하지만 지금까지 뾰족한 방법이 발견되지 않았다. 그래서 아직까지는 '에라토스테네스의 체'라 불리는 방법을 흔히 쓰고 있다. 이는 어떤 자연수보다 작은 자연수들 중에서 소수만 가려내는 소박한 방법이다. 이름에서 짐작하겠지만 이 방법은 고대 수학자 에라토스테네스(기원전 273? ~ 기원전 192?)가 만들었다.

에라토스테네스의 체를 이용해 1부터 100까지의 자연수 중에서 소수를 구해 보자. 먼저 1부터 100까지의 자연수를 순서대로 나열한다. 1은 소수도 합성수도 아니므로 지운다. 2는 소수이므로 그대로 남기고, 그 뒤에 나오는 2의 배수는 모두 합성수이므로 지운다. 다음

에라토스테네스

의 3은 소수이므로 그대로 남기고, 그 뒤에 나오는 3의 배수는 전부 지워 버린다. 이 작업을 계속해 나가면 마지막으로 소수만 지워지지 않고 남게 된다.

	2	3	~~4~~	5	~~6~~	7	~~8~~	~~9~~	~~10~~
11	~~12~~	13	~~14~~	~~15~~	~~16~~	17	~~18~~	19	~~20~~
~~21~~	~~22~~	23	~~24~~	~~25~~	~~26~~	~~27~~	~~28~~	29	~~30~~
31	~~32~~	~~33~~	~~34~~	~~35~~	~~36~~	37	~~38~~	~~39~~	~~40~~
41	~~42~~	43	~~44~~	~~45~~	~~46~~	47	~~48~~	~~49~~	~~50~~
~~51~~	~~52~~	53	~~54~~	~~55~~	~~56~~	~~57~~	~~58~~	59	~~60~~
61	~~62~~	~~63~~	~~64~~	~~65~~	~~66~~	67	~~68~~	~~69~~	~~70~~
71	~~72~~	73	~~74~~	~~75~~	~~76~~	~~77~~	~~78~~	79	~~80~~
~~81~~	~~82~~	83	~~84~~	~~85~~	~~86~~	~~87~~	~~88~~	89	~~90~~
~~91~~	~~92~~	~~93~~	~~94~~	~~95~~	~~96~~	97	~~98~~	~~99~~	~~100~~

이와 같이 1부터 100까지에는 2, 3, 5, 7, 11, 13, 17, 19, 23, 29, 31, 37, 41, 43, 47, 53, 59, 61, 67, 71, 73, 79, 83, 89, 97, 이렇게 스물다섯 개의 소수가 있다. 이러한 방법으로 1000까지, 10000까지의 소수도 가려낼 수 있다.

소수는 유한개일까, 무한개일까?

그런데 에라토스테네스의 체로 계속 소수를 찾다 보면, 100을 넘어서면서부터 그 개수가 급격히 줄어들어 갈수록 소수가 띄엄띄엄 존재하는 것을 알 수 있다. 그렇다면 소수는 언젠가 사라져 버리는 것이 아닐까? 혹시 영심이가 읽은 신문 기사대로 405만 3946자리의 소수가 가장 큰 소수가 아닐까? 그렇다면 앞으로 더 큰 소수를 찾겠다고 컴퓨터를 혹사하는 일은 무의미해진다.

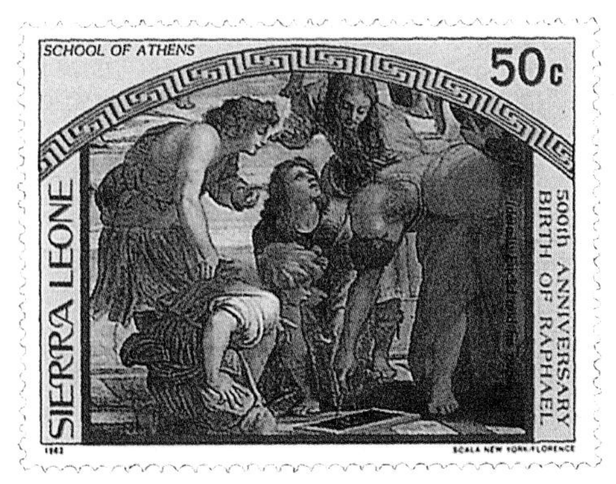

유클리드 라파엘의 탄생 500주년을 기념하는 우표 속의 모습 (그림은 「아테네 학당」의 일부)

그러나 걱정하지 말자. 일찍이 그리스의 대수학자 유클리드(기원전 330?~기원전 275?)는 소수의 개수가 무한함을 다음과 같이 증명했다.

> 소수는 무한히 많다.
>
> 만일 소수가 유한개밖에 없다고 가정해 보자. 그러면 유한개의 소수를 P_1, P_2, P_3, ……, P_n으로 나타낼 수 있다.
>
> 이제 $P_1 \times P_2 \times P_3 \times \cdots\cdots \times P_n + 1$이라는 수를 생각해 보자.
>
> 이 수는 가장 큰 소수인 P_n보다도 크므로 소수가 아니고 합성수이다.
>
> 그런데 이 수는 1이 더해져 있어서 P_1, P_2, P_3, ……, P_n 중 그 어느 것으로도 나누어지지 않는다.
>
> 따라서 $P_1 \times P_2 \times P_3 \times \cdots\cdots \times P_n + 1$은 합성수가 아니라 소수이다.
>
> 이는 모순이다. 즉, 소수는 무한히 많다.

유클리드의 증명에 따르면, 앞으로 405만 3946자리를 넘는 소수는 얼마든지 존재한다.

(빚)×(빚) =(재산)?

(−)×(−)=(+)에 대하여

혹시 여러분은 소설 『적과 흑』을 읽어 본 적이 있는가? 이 작품을 쓴 프랑스의 소설가 스탕달은 원래 문학가가 아닌 수학자를 꿈꾸었다고 한다. 그는 수학에 흥미를 가진 사람답게 자서전 『앙리 브륄라르의 생애』에 다음과 같은 글을 남겼다.

> 마이너스의 양을 어떤 사람의 빚이라고 생각했을 때, 1만 프랑의 빚에 500프랑의 빚을 곱하면 그것이 어째서 500만 프랑의 재산이 되는가?

(−)×(−)=(+)?

여러분 중에도 스탕달처럼 생각해 본 사람이 있을 것이다. 중학교에 들어가면 수학 시간에 으레 정수의 개념과 플러스(+), 마이너스(−)에 대해 배우게 되는데, 흔히 (+)는 이익으로, (−)는 손해로 비유된다. 실제로 (+)의 수와 (−)의 수가 섞인 덧셈과 뺄셈을 설명할 때 그러한 비유를 쓰면 이해하기 쉬워진다. 그러나 곱셈과 나눗셈을 설명할 때 '이익과 손해'라는 비유를 쓰면 이해가 잘 안 된다.

카르다노

$$(-)\times(-)=(+)$$

위 식이 맞다면, 빚에 빚을 곱하면 재산이 된다는 말이 아닌가? 이 문제는 역사상 많은 수학자들에게 논란의 대상이 되어 왔다. 이탈리아의 수학자 카르다노(1501 ~ 1576)는 "빚과 빚의 곱이 재산이 된다는 것은 불합리하므로, 마이너스 곱하기 마이너스가 플러스가 된다는 규칙은 잘못이다."라고 주장했다. 그렇다면 마이너스 곱하기 마이너스는 마이너스가 되어야 할까?

(−)×(−)=(+)!

우리가 익히 접하고 있는 수학에서 '마이너스 곱하기 마이너스는 플러스'라는 규칙은 합리적이다. 곱하기의 성질로 (−)×(−)의 결과를 유추해 보면 다음과 같다.

$$(-2)\times3=(-2)+(-2)+(-2)=-6$$

2 증가

$$(-2)\times2=(-2)+(-2)=-4$$

2 증가

$$(-2)\times1=(-2)=-2$$

2 증가

$$(-2)\times0=0$$

위의 계산을 보면 (-2)에 곱해지는 수가 1씩 줄어들면 그 값은 2씩 늘어난다. 그렇다면 $(-2)\times(-1)$의 값은 $(-2)\times0$의 값보다 2가 증가한 2, 계속해서 $(-2)\times(-2)$의 값은 $(-2)\times(-1)$의 값보다 2가 증가한 4인 것이 타당하다.

$$(-2)\times0=0$$
$$(-2)\times(-1)=2$$
$$(-2)\times(-2)=4$$
$$(-2)\times(-3)=6$$

2 증가
2 증가
2 증가

이러한 결과로 보면 $(-)\times(-)=(+)$가 된다고 할 수 있다. 그리고 분배법칙이 양수와 음수 양쪽에서 다 성립한다고 가정하면 다음과 같은 계산이 가능해진다.

$$\begin{aligned}0&=(-1)\times0\\&=(-1)\times\{1+(-1)\}\\&=(-1)\times(1)+(-1)\times(-1) \quad \text{(분배법칙 보존)}\\&=(-1)+(-1)\times(-1)\end{aligned}$$

위에서 마지막 식의 첫 번째 항인 (-1)을 좌변으로 이항하면, $1=(-1)\times(-1)$이 된다. 그러면 $(-)\times(-)=(+)$임이 타당해진다. 따라서 마이너스에 마이너스를 곱하면 플러스가 된다는 것은 의심의 여지가 없는 규칙이다.

의미 없는 계산

그렇다면 (빚) × (빚) = (재산)이라는 계산은 어떻게 받아들여야 할까? 먼저, 더하기 문제를 살펴보자. 1킬로그램에 한 시간을 더하는 것은 의미가 있을까? 이 두 숫자를 더하면 2가 되겠지만, 여기서 2는 아무런 의미가 없다. 곱하기 문제에서도 이와 같은 생각을 해 볼 수 있다. 예컨대 200원짜리 사과가 세 개 있다면 계산식은 다음과 같다.

(전체 사과의 값) = 200(원) × 3(개) = 600(원)

이것은 의미 있는 계산이다. 그런데 200원짜리 사과를 몸무게 60kg인 어느 부인이 샀다고 해서 다음과 같은 계산식을 만들었다면 어떨까?

200(원) × 60(kg) = 12000(?)

계산이 틀린 것은 아니지만, '12000'이라는 값은 아무런 의미가 없다. 금액에 뭔가를 곱해 얻은 값이 의미가 있으려면, 예를 들어 같은 금액의 돈을 담은 주머니의 개수, 같은 금액의 돈을 받은 횟수 같은 것이 곱해져야 한다. 그러나 금액에 금액을 곱한다든지, 금액에 전혀 영향을 주지 않는 무언가의 수량을 곱한다면 그 값은 아무런 의미가 없어진다. 이렇게 볼 때 (빚) × (빚) = (재산)이라는 것은 애초에 의미 없는 계산이었다고 할 수 있다.

수학은 대체로 인간이 현실에서 부딪치는 문제에서 출발해 생겨났지만, 수학 자체는 현실 그대로가 아닌 추상화된 세계이다. 물론 수학은 현실을 반영하면서 현실을 이해하는 데 많은 도움이 된다. 하지만 모든 현실 문제에 딱 들어맞는 것은 아니다. 그래서 수학을 이해할 때는 적절한 예와 합리적인 해석이 필요하다. (빚)×(빚)=(재산)이라는 식이 주는 혼란은 (−)×(−)=(+)라는 수학 원리를 적절하지 못한 예에 끼워 맞춰 비합리적으로 해석한 데서 비롯된 것이라고 볼 수 있다.

피타고라스가 숨긴 수

유리수와 무리수

"유리수란 어떠한 수를 말하나요? 무리수와 어떻게 구별되죠?"

이는 수학 관련 학과에서 대입 면접시험을 치를 때 면접관이 응시생들에게 던지곤 하던 질문이다. 수학의 기초 개념을 잘 이해하고 있는지 알아보려는 물음인 셈이다. 한 응시생이 다음과 같이 대답했다고 하자.

"유리수는 일상생활에서 물건의 양을 측정한다든지 셈을 할 때 많이 쓰는, 우리 생활과 밀접한 수입니다. 그리고 무리수는 일상생활에서는 거의 쓰지 않는 수입니다."

이 대답은 과연 적절한가?

세상의 모든 수는 유리수?

일상생활에서 많이 쓰느냐 그렇지 않느냐로 유리수와 무리수를 구별하는 것은 합리적이지 않다. 실제로 우리 생활에서 "배추 값이 두 배로

뛰었다.", "용돈이 $\frac{1}{2}$로 줄었다." 하는 유리수 표현은 곧잘 쓰지만, "내 키는 $160\sqrt{3}$ cm이다.", "내 몸무게는 작년보다 $\sqrt{2}$배 늘었다." 하는 무리수 표현은 거의 쓰지 않는 걸 보면 예화 속 응시생의 답이 일리는 있다. 하지만 일상적인 언어에 잘 등장하지 않는다고 무리수가 일상생활에 거의 쓰이지 않는다고 할 수는 없다. 무리수도 유리수만큼은 아니더라도 생활 속에서 자주 쓰인다(원주율 π가 대표적인 예임).

우리 생활이 사물의 개수만 알아도 아무 문제 없다면 이 세상에 수는 정수로 충분할 것이다. 그러나 현실에서는 사물의 개수를 아는 일뿐 아니라 사물의 양을 알고, 또는 여러 가지 양을 비교해야 하는 일들이 생기게 마련이다. 이런 일에는 분수꼴$\left(\frac{p}{q} : p, q\text{는 정수}, q \neq 0\right)$로 표현되는 유리수가 필요하다. 이러한 유리수는 사칙연산에 대하여 닫혀 있다. 다시 말해 두 유리수를 더해도, 빼도, 곱해도, 나누어도(0으로 나누는 것은 제외) 그 값은 유리수이다. 그래서 수학을 학문으로서 발전시킨 고대 그리스 사람들은 이 세상에 수는 유리수로 충분하다고 여기고, 유리수 안에서 모든 문제를 해결하려 했다.

피타고라스의 정리가 탄생시킨 수

세상의 모든 수는 유리수일 것이라는 생각은 '피타고라스의 정리'가 등장한 뒤 커다란 파문에 휩싸이고 만다. 피타고라스의 정리란 직각삼각형 세 변의 길이를 a, b, c라 할 때, 빗변의 길이를 c라 하면 $c^2=a^2+b^2$이라는 관계가 성립한다는 것이다.

$$c^2=a^2+b^2$$

피타고라스

이 정리는 직각삼각형 세 변의 관계를 간단명료하게 밝힌 것으로, 피타고라스(기원전 582? ~ 기원전 497?)는 이 정리를 완성한 뒤 소 100마리를 제물로 바쳐 신에게 감사했다고 한다.

그런데 피타고라스의 정리는 직각삼각형의 성질을 밝혀 준 데서 그치지 않았다. 분수꼴로 표현되지 않는 '새로운 수의 출현'이라는 엄청난 결과를 몰고 왔던 것이다. 두 변의 길이가 1인 직각삼각형에 '피타고라스의 정리'를 적용하면 빗변 c의 제곱은 1^2+1^2이므로 2가 된다.

$$c^2=1^2+1^2$$

c를 구하려면 제곱해서 2가 되는 수를 찾아야 한다. 그런데 유리수 중에서 적당한 수를 잡아 제곱을 해 보면 아무리 해도 2가 되지 않는다.

$$1^2=1,\ \left(\frac{3}{2}\right)^2=\frac{9}{4}=2\frac{1}{4},\ \left(\frac{7}{5}\right)^2=\frac{49}{25}=1\frac{24}{25},$$

$$\left(\frac{141}{100}\right)^2=\frac{19881}{10000}=1\frac{9881}{10000},\ \cdots\cdots$$

제곱해서 2가 되는 수를 유리수 내에서 애써 찾던 피타고라스는 그런 수를 좀처럼 찾지 못하는 이유가 결국 그런 수가 존재하지 않기 때문임을 깨달았다. 그리하여 발견한 수가 바로 $\sqrt{2}$이다.

$\sqrt{2}$는 무리수

피타고라스는 '유리수가 수의 전부'라고 주장해 왔고, 이는 피타고라스 학파 제자들도 원칙처럼 여겨 왔다. 그런데 막상 $\sqrt{2}$가 유리수가 아님을 피타고라스 스스로 증명할 수밖에 없었다.

$\sqrt{2}$가 유리수라면, 유리수의 정의에 따라

적당한 정수 a, b가 있어 이들의 비로 나타낼 수 있다. 즉,

$\sqrt{2}=\frac{b}{a}$ (a, b는 서로소인 정수, $a\neq0$)

양변을 제곱하면

$2=\frac{b^2}{a^2}$

$2a^2=b^2$

따라서 b^2은 짝수이며, b^2이 짝수이면 b도 짝수이다.

(왜냐하면 홀수의 제곱은 짝수가 되지 않으므로)

b가 짝수이므로, $b=2c$가 되는 적당한 정수 c를 잡으면

$2a^2=b^2=4c^2$

$a^2=2c^2$

따라서 a^2도 짝수이며, a^2이 짝수이면 a도 짝수이다.

a와 b가 모두 짝수라는 것은 a와 b가 서로소라는 가정에 모순된다.

따라서 $\sqrt{2}$는 유리수가 아니다.

피타고라스는 위와 같이 증명하고 나서 자기가 내놓았던 오랜 주장이 잘못되었음을 깨달았다. 하지만 유리수가 아닌 수의 존재를 비밀에 부치고 제자들에게도 절대 발설하지 못하도록 명령했다. 유리수가 수의 전부라는 자기 주장을 끝내 굽히지 않으려 했던 것이다. 그만큼 무리수는 피타고라스에게도 낯선 수였던 걸까?

일상생활에서 유리수가 무리수보다 더 많이 쓰이는 것은 사실이다. 그래서 유리수가 더 친숙할 것이다. 하지만 정사각형 모양인 물체의 대각선 길이에는 $\sqrt{2}$, 원형 물체의 면적이나 둘레에는 π라는 무리수가 늘 등장하는 것을 보면 무리수도 우리 생활과 꽤 밀접하다. 앞으로 우리가 수학의 세계에 점점 다가갈수록 무리수를 접할 기회는 더 많아질 것이며, 이러한 과정을 통해 무리수를 더욱더 친근하게 여기게 될 것이다.

직선을 빈틈없이 메우는 수

실수의 성질

수 집합의 확장을 사칙연산과 연결해 살펴보는 것도 흥미롭다. 1, 2, 3, …… 같이 자연수만 있다면, 덧셈을 할 때는 별다른 어려움이 없지만 작은 수에서 큰 수를 빼야 하는 상황에 처했을 땐 문제가 생기고 만다.

연산과 수 집합의 확장

자연수에서는 작은 수에서 큰 수를 뺄 경우 그 값이 자연수가 아니다. 이때, 자연수를 양의 정수로 보고 음의 정수를 새롭게 설정하면서, 0을 비롯해 양의 정수와 음의 정수를 아우르는 '정수'를 만들면 덧셈과 뺄셈을 자유자재로 할 수 있다. 이처럼 두 정수를 더하거나 뺀 값이 여전히 정수가 될 때 "정수는 덧셈과 뺄셈에 대하여 닫혀 있다."라고 말한다. 물론 정수는 곱셈에 대해서도 닫혀 있다.

그렇다면 정수는 나눗셈에 대해서도 닫혀 있을까? 그렇지 않다.

1÷2=0.5인 예를 보자. 정수는 나눗셈에 대해서 닫혀 있지 않다. 이 경우 수 집합을 다시 '정수'에서 '유리수'로 확장하면 유리수는 사칙연산에 대해서 모조리 닫혀 있게 된다. 이러한 성질 때문에 고대 그리스 사람들은 이 세상에 수는 유리수로 충분하다고 여겼던 것이다.

그러던 중 피타고라스가 유리수가 아닌 수, 즉 무리수를 발견하면서 유리수와 무리수를 합한 실수가 탄생했다. 물론 실수도 사칙연산에 대해서 닫혀 있다.

직선을 채우는 수

피타고라스는 "직선은 크기가 없는 점들로 이루어져 있으며, 그 점들에 유리수를 하나씩 대응시킬 수 있다."고 믿었다. 그래서 다음과 같은 방법으로 직선 위를 유리수로 채워 갔다.

먼저, 직선 위에 점 O를, 그리고 O의 오른쪽에는 점 E를 찍고 O를 정수 0으로, E는 정수 1로 표시한다. 그러면 모든 정수는 선분 OE를 단위 길이로 하여 그 길이의 배수만큼 떨어진 곳에 위치하게 된다. 이렇게 모든 정수를 직선 위에 나타낼 수 있다. 그 다음에는 선분 OE를 q등분한다. 그렇게 하면 분모가 q인 유리수를 모두 표시할 수 있다.

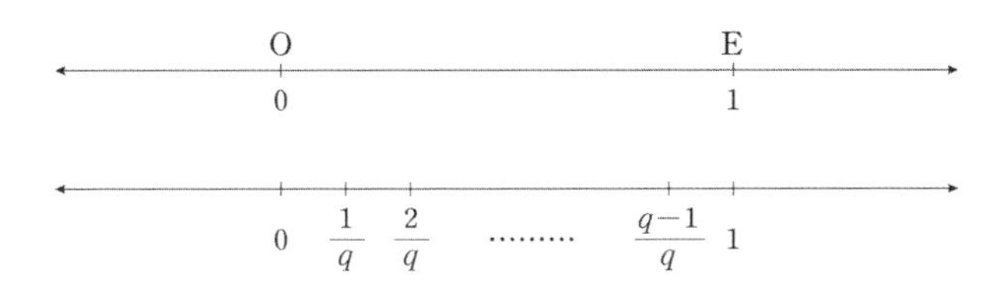

피타고라스는 이런 방법으로 모든 유리수를 직선 위에 나타낼 수 있으

며, 또 이렇게 표시한 유리수가 직선을 빈틈없이 채울 것이라고 여겼다. 예를 들어 직선에 두 유리수 0과 1을 잡으면 0과 1 사이에는 $\frac{1}{2}$이라는 유리수가 존재하며, 이와 마찬가지로 0과 $\frac{1}{2}$ 사이에는 $\frac{1}{4}$, 0과 $\frac{1}{4}$ 사이에는 $\frac{1}{8}$이 존재한다. 이런 식으로 직선 위에 유리수를 표시해 나가면 0 가까이에는 무수히 많은 유리수들이 존재함을 알 수 있다. 이렇게 본다면 피타고라스의 생각대로 직선은 유리수로 가득 채워지고 빈틈이 전혀 없을 것 같다.

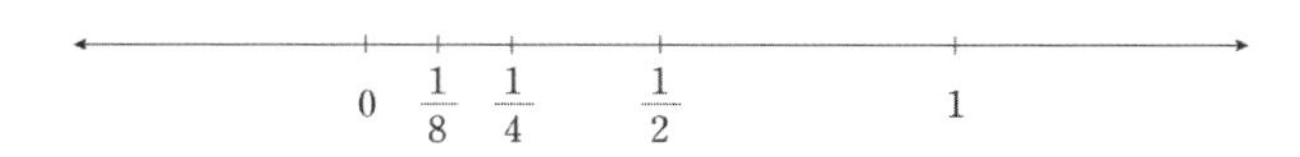

그런데 아래 직선을 보면 상황이 달라진다. 단위 길이를 가진 정사각형의 대각선 길이를 직선에 표시할 때 대각선 길이는 단위 길이의 $\sqrt{2}$배가 되는데, 이 값은 무리수로서 유리수와는 다른 위치에 대응된다.

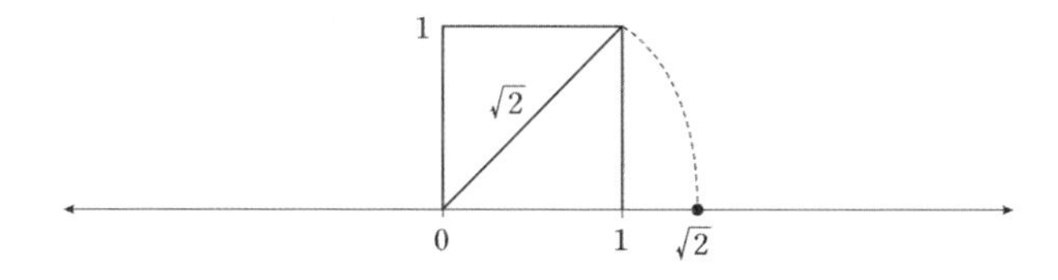

이렇게 되면 유리수가 직선을 빈틈없이 메울 것 같았지만 실제로는 그렇지 않다는 것을 알 수 있다. 이러한 사실은 피타고라스와 당시 사람들에게 어마어마한 충격이었다. 어쨌든 직선에 수의 집합을 표시할 때 유리수로는 직선을 다 메울 수 없다. 유리수 사이사이를 무리수로 메워야 비로소 빈틈없는 직선이 완성된다. 그리고 이러한 직선은 곧 실수 집합인 셈이다.

실수의 성질

실수의 성질은 크게 세 가지로 볼 수 있다. 첫째, '결합 구조'를 갖고 있다. 둘째, '대소 관계'가 있다. 셋째, '완비성(연속성)'을 갖추고 있다.

결합 구조를 갖고 있다는 말은 덧셈, 뺄셈, 곱셈, 나눗셈 같은 연산에 대해서 닫혀 있다는 뜻이다. 둘째로 든 대소 관계는 대수롭지 않은 성질로 여기기 쉬우나, 함수론과 미적분학을 다루는 증명 과정을 접하면 실수의 그러한 성질이 얼마나 가치 있는지 알게 된다. 또한 대소 관계가 없는 수(예컨대 복소수)가 존재한다는 것을 알게 되면 실수의 성질을 재발견할 수 있다.

여기까지는 유리수와 똑같은 성질이다. 그런데 '완비성'은 수가 연속적으로 존재한다는 뜻으로, 유리수는 갖고 있지 않은, 실수 고유의 성질이다. 앞에서 살펴본 직선의 예를 상기해 보면, 실수는 연속적으로 존재해서 직선을 빈틈없이 메우지만, 유리수는 두 유리수 사이에 반드시 유리수가 존재하는 성질(조밀성)은 있으나 직선을 빈틈없이 메우지 못한다. 유리수 사이에 무리수가 존재하기 때문이다. 이것이 실수와 유리수의 큰 차이점이다.

제곱이 음수인 수

허수의 탄생

실수의 세 가지 성질로 보면 이 세상에 수는 실수로 충분할 것 같다. 그런데 다음의 식을 한번 보자.

$$x^2=-1$$

수학자들은 맨 처음에 위 식의 해는 존재하지 않는다고 여겼다. 왜냐하면 그때까지 알고 있던 실수의 범위에서는 제곱해서 음수가 나오는 수란 있을 수 없었기 때문이다. 그래서 위와 같은 식이 나오면 아예 해를 구하려고도 하지 않았다.

허수의 도입

수학은 존재하지 않을 것 같은 수라 할지라도 이론의 일반화나 연관된 문제 해결을 위해서는 그 수를 도입하고 정의해야 하는 학문적 특성이 있다. 그래서 수학자들은 제곱해서 2가 되는 수로 $\sqrt{2}$, $-\sqrt{2}$를 도입했듯이, 제곱해서 -1이 되는 수로 $\sqrt{-1}$, $-\sqrt{-1}$을 도입했다. 즉, $x^2=-1$이면 $x=\sqrt{-1}$ 또는 $-\sqrt{-1}$이 된다.

이처럼 제곱해서 음수가 되는 수는 우리가 익히 알던 수의 범위에는 존재하지 않으므로, 만들어 낸 가상의 수라는 의미에서 허수(imaginary number)라고 이름 붙였다. 특히 $\sqrt{-1}$을 허수의 기본 단위로 삼아 'imaginary'의 앞 글자를 따서 $\sqrt{-1}=i$라고 정의했다. 그래서 앞의 방정식 $x^2=-1$의 해는 i 또는 $-i$라고 할 수 있다. i, $2i$, $5i$ 등은 제곱해서 -1, -4, -25 등으로 음수가 되는 수, 즉 허수이다. 특히 이들을 가리켜 '순허수'라고 한다. 한편 $1+i$, $3-5i$같이 실수와 허수가 조합된 수는 '복소수'라고 한다.

허수의 성질

허수는 제곱해서 음수가 되는 성질 외에 대소 관계가 없다는 성질이 있다. 예를 들어 실수에서는 2보다 3이 더 큰데, 허수에서는 $2i$와 $3i$ 중에 무엇이 더 클까? 이는 i가 0보다 큰 수인지, 0보다 작은 수인지를 알아보는 것과 같다.

만약 $i>0$이라고 하자. 그러면 i는 양수이므로 양변에 i를 곱해도 부등호의 방향은 변하지 않지만, 다음과 같이 모순된 결과가 나온다.

$$i>0$$
$$i^2>0\times i=0$$

$-1>0$ $\therefore$ 모순

반면에 $i<0$이라고 하자. 그러면 i는 음수이므로 양변에 i를 곱하면 부등호의 방향은 변하지만, 이 역시 다음처럼 모순이 된다.

$$i<0$$
$$i^2>0\times i=0$$
$$-1>0 \quad \therefore \text{모순}$$

위와 같이 어떤 경우에도 모순의 결과가 나오므로, i는 양수라고도 음수라고도 할 수 없고, 결국 $2i$와 $3i$ 사이의 대소 관계 또한 정할 수 없게 된다.

평면에 표현되는 수

허수, 엄밀히 말해 복소수가 탄생한 뒤 많은 수학자들은 이 수를 꺼려했다. 실수와는 다른 성질을 받아들이기 어려웠던 것이다. 그러다 복소수의 필요성이 인정되면서 복소수의 여러 가지 성질에 대한 폭넓은 연구가 이루어졌는데, 그 중 하나가 바로 "실수는 직선 위의 점으로 나타낼 수 있는데, 과연 복소수는 어떻게 기하학적으로 표시할 수 있을까?" 하는 것이었다.

자, 복소수 $a+bi$를 그림으로 어떻게 나타낼 수 있을까? 이를 두고 오래도록 고민해 오던 수학자들은 복소수가 두 개의 실수로 구성된다는 사실(예컨대 $2+3i$는 실수 2와 3으로 구성됨)에 주목해 두 개의 수직선으로 구성된 복소평면을 만들어 냈다. 이러한 복소평면에 복소수 $a+bi$를 표시하면, 가로축의 a와 세로축의 b가 교차하는 지점이 곧 $a+bi$가 된다. 예를 들어 $2+3i$는 다음과 같이 평면 위의 한 점으로 나타난다.

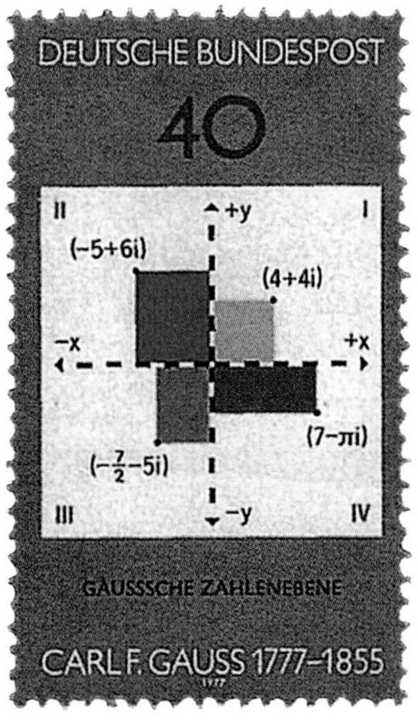

가우스와 복소평면을 기념하는 우표

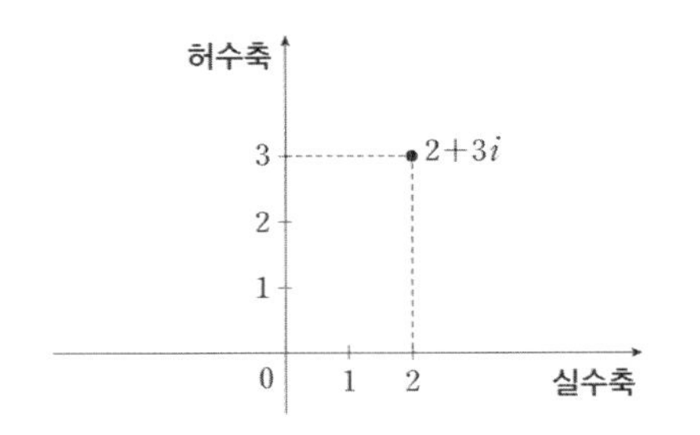

복소평면은 복소수를 시각화하여 다루기 편하게 했을 뿐 아니라, 복소수의 곱셈과 나눗셈을 기하학적으로 이해하는 데도 큰 도움이 되었다. 예를 들어 복소수에 i를 곱하는 것은 복소평면에서 90° 회전으로 이해할 수 있다. $2+3i$에 i를 곱해 보자.

$$(2+3i)\times i=2i+3i^2=2i-3=-3+2i$$

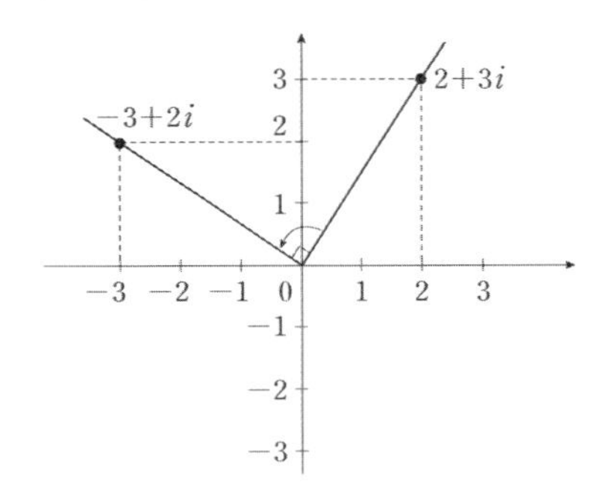

더 나아가 생각해 보면, 음수의 곱은 복소평면의 180° 회전과 일치함을 알 수 있다.

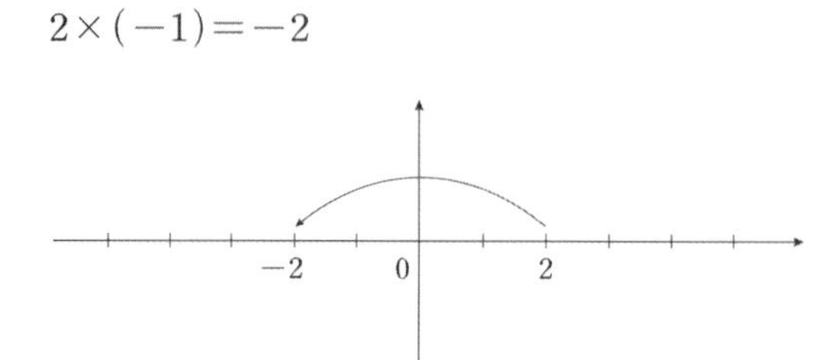

실수나 복소수를 직선과 평면에 시각화하는 작업은 수의 세계를 더 구조적으로 이해하는 데 도움을 주며, 연산에서 새로운 해석(기하학적 해석)을 가능하게 한다.

$0.\dot{9}=1$

무한에 대하여

폭풍우가 몰아치는 캄캄한 밤이었습니다. 비가 좍좍 내리고
있었습니다. 산 속에 도둑이 여럿 있었습니다. 그 두목이
안토니오에게 말했습니다.
"안토니오, 뭐라도 좋으니 얘기를 해 봐라."
그러자 안토니오는 힘센 두목이 무서워 견딜 수 없었으므로
이야기를 시작했습니다.
"폭풍우가 몰아치는 캄캄한 밤이었습니다. 비가 좍좍 내리고
있었습니다. 산 속에 도둑이 여럿 있었습니다……."

-M. 가드너

아마도 여러분은 이 이야기가 어릴 적 할머니가 해 주시던 옛날이야기와는 크게 다르다는 것을 알아차렸으리라. 이름 하여 'Never ending story'라고나 할까?

$0.\dot{9}=1$

우리는 유한한 세계에 살고 있지만, 심심치 않게 무한의 문제에 부딪친다. 일찍이 수학 교과서를 통해 다음과 같은 무한을 접해 봤을 것이다.

$0.\dot{9}=0.999999\cdots\cdots$

여러분도 알다시피 '……'은 9가 무한히 나열됨을 의미한다. 그런데 여기에서 혼란스러운 것은 $0.\dot{9}=1$이라는 사실이다. 이를 증명하면 다음과 같다.

$x=0.\dot{9}$라 하자.

그러면 $x=0.\dot{9}=0.999999\cdots\cdots$ ①

양변에 10을 곱하면 $10x=9.999999\cdots\cdots$ ②

②−①을 하면, $10x-x=9$

곧 $9x=9$이므로 $x=1$

따라서 $0.\dot{9}=1$

증명을 살펴보면 $0.\dot{9}=1$임이 틀림없는 것 같다. 그러나 어쩐지 $0.999999\cdots\cdots$에서 9가 끝없이 나열된다 해도 이것이 정말 1이 될까 싶을 것이다. 실제로 루이스 캐럴(1832 ~ 1898)이라는 수학자는 "나는 그런 개념을 이해할 수 없다."라고 솔직하게 말하기도 했다.

흔히 생각하기로는, 9를 아무리 나열해도 0.999999……은 1보다 작을 것 같지 않은가? '……'이 '무한으로 다가가는(더하는) 과정'을 의미한다면 말이다. 그렇다면 0.999999……이 1에 무한으로 다가간다 하더라도 1과 똑같다고 하기는 어렵다. 그럼 '……'이 '무한히 다가간(더한) 결과'를 의미한다면 어떻게 될까? 이런 경우에 대해 19세기 수학자들은 1과 똑같다고 보았다. 단, 표현을 달리했다. "무한히 다가가다(더하다)."라는 표현 대신에, '극한'이라는 개념을 끌어들여 "어떤 변량이 어떤 값 a에 무한히 근접할 때, 그 극한값은 a이다."라고 표현했다. 그리고 '……'이 곧 '극한'을 의미한다고 보았다. 이렇게 보면, 0.999999……은 1에 무한히 근접하므로 극한값은 1이 된다. $0.\dot{9}=0.999999\cdots\cdots=1$임이 틀림없는 것이다.

티끌 모아 태산과 티끌 모아 태끌

이처럼 무한에는 언뜻 생각하기에는 이해하기 어려운 문제들이 많다. 다음에 보이는 무한합도 어려운 문제이다.

$$\mathrm{A}=1+\frac{1}{2}+\frac{1}{3}+\frac{1}{4}+\frac{1}{5}+\cdots\cdots$$

$$\mathrm{B}=1+\frac{1}{2^2}+\frac{1}{3^2}+\frac{1}{4^2}+\frac{1}{5^2}+\cdots\cdots$$

A는 분자가 1이고 분모가 자연수인 분수를 차례로 더한 것이고, B는 분자가 1이고 분모가 자연수의 제곱인 분수를 차례로 더한 것이다. 이렇게 무한히 더해 나가면 그 값은 얼마나 될까? 그리고 두 값은 얼마만큼

차이가 날까?

A나 B를 보면 아무리 무한히 더한다고는 하지만, 더해지는 수들이 크지도 않을뿐더러 점점 작아지고 있다. 그래서 그 값이 그다지 클 것 같지 않다. B는 물론 A보다야 작겠지만 크게 차이날 것 같지도 않다. 그런데 실제로 A와 B의 차이는 엄청나다. A는 무한대로 발산하고 B는 고작해야 2를 넘지 못하기 때문이다.

$$A=1+\frac{1}{2}+\frac{1}{3}+\frac{1}{4}+\frac{1}{5}+\cdots\cdots$$
$$=1+\frac{1}{2}+\left(\frac{1}{3}+\frac{1}{4}\right)+\left(\frac{1}{5}+\frac{1}{6}+\frac{1}{7}+\frac{1}{8}\right)+\cdots\cdots$$
$$A>1+\frac{1}{2}+\left(\frac{1}{4}+\frac{1}{4}\right)+\left(\frac{1}{8}+\frac{1}{8}+\frac{1}{8}+\frac{1}{8}\right)+\cdots\cdots$$
$$=1+\frac{1}{2}+\frac{1}{2}+\frac{1}{2}+\frac{1}{2}+\cdots\cdots$$
$$=1+\left(\frac{1}{2}+\frac{1}{2}\right)+\left(\frac{1}{2}+\frac{1}{2}\right)+\cdots\cdots$$
$$=1+1+1+\cdots\cdots$$

∴ A는 무한대로 발산

$$B=1+\frac{1}{2^2}+\frac{1}{3^2}+\frac{1}{4^2}+\frac{1}{5^2}+\cdots\cdots$$
$$=1+\left(\frac{1}{2^2}+\frac{1}{3^2}\right)+\left(\frac{1}{4^2}+\frac{1}{5^2}+\frac{1}{6^2}+\frac{1}{7^2}\right)+\cdots\cdots$$
$$B<1+\left(\frac{1}{2^2}+\frac{1}{2^2}\right)+\left(\frac{1}{4^2}+\frac{1}{4^2}+\frac{1}{4^2}+\frac{1}{4^2}\right)+\cdots\cdots$$
$$=1+\frac{1}{2}+\frac{1}{4}+\cdots\cdots$$

※ 이것은 첫 항이 1이고 계속 $\frac{1}{2}$씩 줄어드는 수를 더하는

무한합이다. 이를 '무한등비급수'라고 하고, $\frac{1}{2}$을 '공비'라고 한다. 무한등비급수의 합을 구하는 공식은

첫 항을 a, 공비를 r이라 할 때 $S=\frac{a}{1-r}$이다.

따라서 $S=\frac{1}{1-\frac{1}{2}}=2$

$\therefore$ B$<$2

그래서 종종 A는 '티끌 모아 태산이 되는 합'으로, B는 '티끌 모아 태끌밖에 안 되는 합'으로 불린다. 이쯤 되면 무한에 관한 한 이렇게 말해도 좋을 듯싶다. "느낌은 금물! 논리적으로 판단할 것!!"

집합을 왜 만들었을까?

집합의 등장

집합이 현대 수학에서 확고부동한 위치를 차지하게 된 것은 그리 오래되지 않았다. 집합론을 창시하고 체계화한 사람은 독일의 수학자 칸토어(1845~1918)이다. 그는 왜 당시에 낯설기만 했던 집합론을 만들어 냈을까?

칸토어가 집합론을 연구한 목적은 바로 무한의 성질을 밝히기 위해서였다. 이렇게 말하면 여러분은 집합이 무한과 무슨 상관이냐고 의아해할 것이다. 여러분은 그동안 주로 유한집합을 배웠고, 간단한 집합의 연산만 다루었기 때문이다. 사실 집합은 무한을 더 조직적으로 다루는 데 필요한 획기적인 아이디어였다.

무한의 성질을 밝히다

무한의 개념은 언어학, 문학뿐 아니라 철학, 신학 등 여러 분야에서 다양하게 형상화되어 왔다. 그런데 실제로 '무한개'라는 것이 존재할까? 일찍이 아르키메데스(기원전 290? ~ 기원전 212?)는 우주를 모래알로 채웠을 때 그 개수가 적당한 가정하에서 10^{63}보다는 작다고 했다. 비록 현실적으로 무한의 개념을 쓰는 일이 많지 않지만, 무한은 수학에서 절대로 빼놓을 수 없는 중요한 개념이다.

아르키메데스

쉬운 예로, 자연수는 도대체 몇 개일까? 또 정수의 개수는? 실수의 개수는? 이들이 모두 무한개라는 것은 설명하지 않아도 쉽게 알 수 있을 것이다. 자연수의 개수와 실수의 개수가 모두 무한개라면 자연수와 실수의 개수는 같을까? 만약 실수의 개수가 더 많다면, 실수의 개수를 나타내는 무한개와 자연수의 개수를 나타내는 무한개는 다른 것일까? 무한만큼 흥미를 끄는 개념도 드물지만, 무한만큼 사람들을 혼란에 빠뜨리고 다루기 어려운 개념도 없을 것이다. 갈릴레이(1564 ~ 1642)는 "무한에 대해서는 많다든가 적다든가 똑같다든가 하는 말을 해서는 안 된다."라고 선언하면서 무한의 문제에서 깨끗이 손을 뗐다. 이에 대하여 "아니야, 한번 해 보자." 하는 마음으로 무한의 문제를 파고들었던 사람이 바로 칸토어이다.

칸토어는 1872년에 발표한 논문에서 "집합이란 확정되어 있고 서로 명확히 구별되는 것들의 모임"이며, "두 집합 사이에 일대일대응 관계가 성립할 때 두 집합의 농도(원소의 개수)는 같다."라고 정의했다. 그는 두 집합의 원소 개수가 같다는 것을 한 집합의 원소들을 다른 집합의 원소들과 짝지을 수 있다는 것으로 해석한 셈이다. 그는 이와 같은 개념을 써서 여러 무한집합 사이의 대응 관계를 조사한 끝에 다음과 같은 결론을 내렸다. 첫째, 자연수 전체와 유리수 전체는 일대일로 빠짐없이 대응시킬 수 있다. 둘째, 자연수 전체와 실수 전체를 일대일로 빠짐없이 대응시킬 수는 없다(이 내용에 대해서는 56쪽 「무한집합에도 차등이 있다」를 참고할 것).

이로써 칸토어는 자연수와 유리수의 개수가 같고 자연수와 실수의 개수는 같지 않음을 밝혀냈다. 이는 고대 그리스 시대부터 전해 내려온 통념과 상식, 즉 "전체는 부분보다 크다.", "무한은 모두 같은 것으로 간주한다."라는 지배적인 생각을 동시에 깨 버린 일대 사건이었다. 결론적으로 말해, 자연수는 유리수의 일부인데도 그 개수가 같으므로 전체가 부분과 같고, 자연수와 실수는 모두 무한개이지만 실수의 개수가 더 많다. 칸토어는 무한의 성질을 밝힌 뒤 이를 바탕으로 무한에 관한 연산과 그 밖의 성질들도 밝혀냈다.

쓸쓸히 생을 마친 칸토어

칸토어는 1845년에 유복한 유대계 상인인 아버지와 예술을 좋아하는 어머니 사이에서 태어났다. 그는 일찍이 수학적 재능을 보였지만, 아버지는 그가 기술자가 되기를 원했다. 아버지를 더없이 사랑하고 따르던 칸토어는 아버지가 바라는 대로 살려고 결심했다. 하지만 그의 수학적 재능이 워낙 탁월해서 대학에 진학할 때에는 아버지조차 수학을 전공하도록 허락할 수밖에 없었다.

그는 베를린 대학교에서 가우스(1777~1855)가 무시한 정수론을 연구해 학위를 받았으며, 이후 무한급수에 관한 이론을 접하면서 비로소 무한에 관심을 갖게 되었다. 그리고 마침내 29세의 젊은 나이에 무한집합에

관해 가히 혁명적이라 할 수 있는 논문을 발표했다. 이렇게 발표한 무한집합론은 오늘날 모든 수학의 기초 이론으로 자리 잡았지만, 발표 당시만 해도 너무나 혁신적이고 대담한 것이어서 수학자들 사이에서조차 제대로 받아들여지지 않았다. 그뿐 아니라 당대의 대수학자였던 크로네커(1823~1891)는 칸토어가 창시한 무한집합론을 수학에 대한 도전으로 받아들여, 칸토어의 이론뿐 아니라 신상에 관한 부분까지 공격했다. 감성이 아주 예민했던 칸토어는 이러한 상황을 견디지 못해 끝내 정신병원에 여러 번 입원하는 신세가 되고 말았다.

칸토어와 그의 부인(1880년경)

칸토어는 늘그막에 가서야 겨우 수학적 업적을 인정받았으며, 크로네커와도 화해했다고 한다. 하지만 그 무렵 칸토어의 정신병은 이미 심각한 지경에 이르러 있었다. 그는 할레라는 도시의 정신병원에서 1918년 1월 6일 쓸쓸하게 눈을 감았다. 수학사에 빛나는 업적을 남기고도 외롭게 생을 마친 칸토어의 업적을 되새기며 명복을 빌어 주자.

무한집합에도 차등이 있다

자연수, 정수, 실수의 농도

아무리 많은 분이 오셔도 좋습니다.
항상 방은 준비되어 있답니다.

— 은하계 호텔

위 안내문은 우주 한 귀퉁이에 자리한 '은하계 호텔'을 소개한 것이다. 이 호텔에는 객실이 자연수 개수만큼 준비되어 있는데, 위 안내문처럼 언제라도 숙박이 가능하다는 편리함 때문에 온 우주에 소문이 자자하여 늘 손님이 들끓었다. 그래서 이 호텔 사장은 금세 유명 인사가 되었고, 방송 출연도 잦아졌다. 어느 날 저녁 토크쇼에 출연한 그는 사업이 잘되는 비결에 대해 다음과 같이 설명했다.

"비결은 따로 없습니다. 모든 객실이 찼는데 새로운 여행객 한 명이 방문할 경우, 저는 손님들에게 자기 객실의 번호에 1을 더한 번호의 객실로 옮겨 달라고 부탁합니다. 1호실은 2호실로, 2호실은 3호실로…….
이렇게 하면 손님들은 좀 불평하면서도 잘 따라 주고, 1호실은 비게 되죠. 그러면 새 여행객은 1호실에 묵으면 됩니다."

"만일 자연수 개수만큼 많은 무한의 여행객들이 몰려들면 어떻게 합니까?"

"아, 걱정 없습니다. 객실 손님들에게 자기 객실 번호의 두 배가 되는 번호의 객실로 옮겨 달라고 부탁하면 됩니다. 그러면 모든 손님들이 짝수 번호 객실로 옮기게 되고, 홀수 번호 객실은 모두 비게 되죠. 그리고 새로 온 손님들 중에서 첫 번째 사람은 1호실, 두 번째 사람은 3호실, 세 번째 사람은 5호실, ……, n번째 사람은 $(2n-1)$호실에 묵으면 됩니다. 아무 문제 없습니다."

부분＝전체?

위 이야기는 무한의 세계에서 일어날 수 있는 기상천외한 일에 대해서 독일의 수학자 힐베르트(1862～1943)가 만들어 낸 재미있는 예이다. 그래서 '은하계 호텔'을 '힐베르트 호텔'이라고 부르기도 한다.

힐베르트

이야기 속에서 홀수 개의 객실과 자연수 개수만큼의 사람은 하나씩 짝을 지을 수 있기 때문에, 즉 일대일대응을 할 수 있기 때문에 홀수와 자연수는 같은 농도로 이루어져 있음을 알 수 있다. 어떻게 자연수의 일부인 홀수와 자연수 전체의 농도가 같을 수 있을까? 바로 이것이 유한의 세계에서 받아들일 수 없는 "부분과 전체는 같다."라는 논리이다. 그러면 자연수와 짝수는 어떨까? 이제 우리가 생각할 수 있는 여러 수 집합 사이의 농도를 비교해 보자. 단, 기억해 두자. 두 집합 사이에 어떤 방법으로든 일대일대응을 만들 수만 있다면 두 집합의 농도는 같은 것임을.

① 자연수와 짝수, 홀수

먼저 자연수들을 각각의 두 배가 되는 자연수들과 연결해 보자. 그러면 자연수와 짝수 집합 사이에 일대일대응을 정의할 수 있다. 그런데 대응을 하다 보면 결국 자연수가 남지 않을까 걱정하는 사람도 있을 것이다. 하지만 자연수와 짝수는 모두 무한개이므로 끝없이 계속 대응시킬 수 있다.

$$
\begin{array}{cccccccc}
1, & 2, & 3, & 4, & 5, & \cdots\cdots, & n, & \cdots\cdots \\
\updownarrow & \updownarrow & \updownarrow & \updownarrow & \updownarrow & \updownarrow & & \\
2, & 4, & 6, & 8, & 10, & \cdots\cdots, & 2n, & \cdots\cdots
\end{array}
$$

이런 식의 대응이 자연수 집합과 홀수 집합에서도 가능하다. 따라서 자연수 집합과 짝수 집합, 자연수 집합과 홀수 집합의 농도는 같다.

② 자연수와 정수

정수는 0을 기준으로 좌우 하나씩 번호를 붙여 나가며 자연수와 짝지으면 일대일대응이 된다.

……,	−4,	−3,	−2,	−1,	0,	1,	2,	3,	4, ……
	↕	↕	↕	↕	↕	↕	↕	↕	↕
……,	9,	7,	5,	3,	1,	2,	4,	6,	8, ……

자연수 n이 짝수이면 $\frac{n}{2}$에 대응되고, n이 홀수이면 $\frac{1-n}{2}$에 대응되는 위 관계는 일대일대응이다. 결국 자연수와 정수도 같은 농도임을 알 수 있다.

③ 자연수와 유리수

먼저, 유리수를 분모가 1인 것부터 크기순으로 나열한다. 그리고 아래와 같이 화살표를 따라 1, 2, 3, …… 하고 번호를 붙이면 자연수와 일대일대응을 만들 수 있다. 여기서 1, $\frac{2}{2}$, $\frac{3}{3}$처럼 앞에서 이미 체크한 수가 나온다고 걱정할 필요는 없다. 그냥 건너뛰면 되니까.

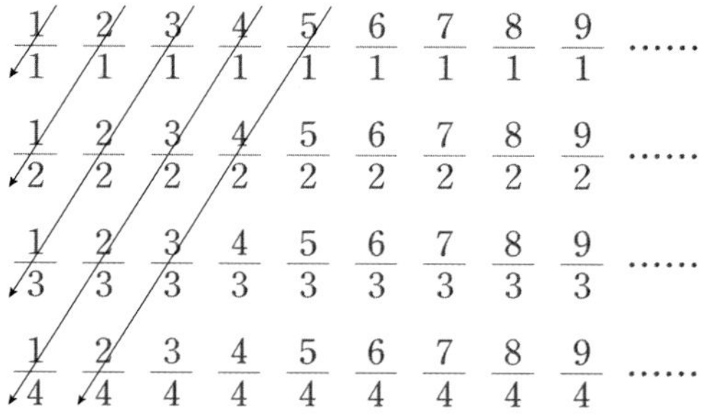

$\frac{1}{1}$	$\frac{2}{1}$	$\frac{3}{1}$	$\frac{4}{1}$	$\frac{5}{1}$	$\frac{6}{1}$	$\frac{7}{1}$	$\frac{8}{1}$	$\frac{9}{1}$	……
$\frac{1}{2}$	$\frac{2}{2}$	$\frac{3}{2}$	$\frac{4}{2}$	$\frac{5}{2}$	$\frac{6}{2}$	$\frac{7}{2}$	$\frac{8}{2}$	$\frac{9}{2}$	……
$\frac{1}{3}$	$\frac{2}{3}$	$\frac{3}{3}$	$\frac{4}{3}$	$\frac{5}{3}$	$\frac{6}{3}$	$\frac{7}{3}$	$\frac{8}{3}$	$\frac{9}{3}$	……
$\frac{1}{4}$	$\frac{2}{4}$	$\frac{3}{4}$	$\frac{4}{4}$	$\frac{5}{4}$	$\frac{6}{4}$	$\frac{7}{4}$	$\frac{8}{4}$	$\frac{9}{4}$	……

이렇게 자연수와 유리수도 일대일대응이 되게 할 수 있으므로 두 집합의 농도는 같다.

자연수의 농도<실수의 농도

무한의 세계를 잠깐 맛본 느낌이 어떤가? 이제 우리는 똑같아 보이는 무한집합이라도 서로 농도가 다르다는 점을 살펴볼 것이다. 비슷해 보이는 분수의 무한합이 태산과 태끌로 나누어진 것처럼, 비슷해 보이는 무한집합이지만 실수의 농도가 자연수의 농도보다 크다는 것을 확인해 보자.

일단 0부터 1 사이의 실수 농도가 자연수 농도보다 크다는 것을 증명하기로 한다. 0과 1 사이의 실수와 자연수가 일대일대응이 가능하다고 가정해 보자. 그러면 자연수 1, 2, 3, ……에 순서대로 대응되는 실수를 다음과 같이 나열할 수 있다. 이때 유한소수는 무한소수 표현을 쓰는 것으로 하며(예를 들어 0.6은 0.599999……), 각 자릿수는 0과 9 사이의 자연수이다.

① $0.a_{11}a_{12}a_{13}a_{14}\cdots\cdots$

② $0.a_{21}a_{22}a_{23}a_{24}\cdots\cdots$

③ $0.a_{31}a_{32}a_{33}a_{34}\cdots\cdots$

④ $0.a_{41}a_{42}a_{43}a_{44}\cdots\cdots$

……

이제 위에 표시된 대각선을 따라서 a_{11}과 다른 자연수 b_1을 고르고, a_{22}와 다른 자연수 b_2, a_{33}과 다른 자연수 b_3, ……을 차례대로 골라서 다음과 같은 소수 ⓐ를 만든다.

ⓐ $0.b_1b_2b_3b_4\cdots\cdots$

$(b_1 \neq a_{11},\ b_2 \neq a_{22},\ b_3 \neq a_{33},\ b_4 \neq a_{44},\ \cdots\cdots)$

ⓐ는 위에 나열된 소수 ①, ②, ③, …… 중 그 어느 것과도 일치하지 않는다. 왜냐하면 $b_1 \neq a_{11}$이므로 ①과 ⓐ는 소수 첫째 자리가 다른 수이기 때문에 같은 소수가 될 수 없다. 또 $b_2 \neq a_{22}$이므로 ②와 ⓐ는 소수 둘째 자리가 다른 수여서 같은 수가 될 수 없다. 마찬가지로 ⓐ와 위에 나열된 모든 소수는 같지 않다. 이는 자연수와의 일대일대응에서 탈락된 소수가 있음을 의미한다. 그러므로 0과 1 사이의 실수와 자연수가 일대일대응이 된다는 가정은 잘못된 것이다. 즉, 0과 1 사이의 실수와 자연수는 일대일대응이 될 수 없다. 이로써 0과 1 사이의 실수가 자연수보다 훨씬 더 많다는 것을 알 수 있다. 그뿐 아니라, 0과 1 사이의 실수와 실수 전체의 농도가 같다는 것도 쉽게 증명할 수 있는데, 여기서는 생략한다.

2. 대수 이야기

$x=$

- 수수께끼를 푸는 문자
- 부호를 감추고 있는 문자
- 0으로 나눌 수 있다면 나는야 로마 교황!
- 모르지만 알 수 있어요
- 이차방정식의 해를 찾아서
- 폰타나와 삼차방정식
- 정리만 있고 증명은 없다?

수수께끼를 푸는 문자

문자식의 유용성

영국 : 다혜야, 네가 좋아하는 숫자 아무거나 하나 생각해 봐. 아주 큰 수라도 상관없어.

다혜 : 응, 생각했어.

영국 : 네가 생각한 수에 5를 곱하고 15를 더해 봐.

다혜 : 곱하기 5에 더하기 15라…….

영국 : 다 했니? 다 했으면 그 답을 5로 나누어 봐.

다혜 : 응, 했어.

영국 : 그 다음, 그 답에서 네가 생각했던 수를 빼는 거야.

다혜 : 다 했어.

영국 : 자, 그럼 이제 내가 어떤 숫자인지 알아맞혀 볼까? 음…… 3이야! 어때, 맞았지?

다혜 : 와, 맞아! 어떻게 알았어?

'수 알아맞히기' 놀이의 비밀

사실 이 놀이는 문자를 이용해 식으로 표현해 보기만 하면 답을 쉽게 알아낼 수 있다. 영국이는 다혜가 어떤 수를 생각했는지 처음부터 알고 있었을까? 모르는 것이 당연하다. 다혜가 생각한 수, 그것이 어떤 수인지 모르므로 특정한 수로는 놓을 수 없다. 그래서 일반적인 수를 나타낼 수 있는 문자를 이용한다. 그냥 a라고 놓아 보자. 영국이가 다혜보고 그 수에 5를 곱한 뒤 15를 더하라고 했으니, 이를 a를 이용한 식으로 나타내 보자.

$$a \times 5 + 15$$

이것을 5로 나눈 값에서 다혜가 생각한 수를 빼라고 했으니, 식은 다음과 같이 된다.

$$\begin{aligned}&(a \times 5 + 15) \div 5 - a\\&= (5a + 15) \div 5 - a\\&= a + 3 - a\\&= 3\end{aligned}$$

다혜가 처음에 어떤 수를 생각했든 답은 무조건 3이 된다. 이와 같이 모르는 수를 알아맞힐 수 있는 이유는 대수(代數)의 원리를 이용했기 때문이다. 즉, '다혜가 생각한 수'를 'a'로 대치해 문제를 수식으로 만들어 풀면 의외로 손쉽게 결과를 얻을 수 있다.

이럴 땐 문자를 쓴다!

어떤 친구들은 수학 교과서에 문자(대수)가 나오고부터 수학을 어렵게 느끼기 시작했다고 한다. 그러나 이는 문자가 어떤 상황에서 어떻게 쓰이는지 잘 파악하지 못해서일 것이다. 수학에서 문자를 사용하면 다음과 같은 편리함이 있다.

첫째, 복잡한 상황을 간단한 수식으로 표현할 수 있다. 예를 들어, "어떤 수에 3을 곱한 수와, 제2의 어떤 수를 두 번 곱하고 어떤 수를 곱해 2를 곱한 수를 더한 것은 제3의 어떤 수에 어떤 수를 곱한 것과 같다."라는 말은 도대체 무슨 뜻일까? 이것을 문자로 표현해 보자. 즉, 어떤 수를 x, 제2의 어떤 수를 y, 제3의 어떤 수를 z로 놓으면 다음과 같은 간단한 수식이 나온다.

$$3x+2xy^2=xz$$

이쯤 되면 이런 말이 절로 나올 것이다. "아니, 이렇게 간단할 수가!"

둘째, 계산 과정이 간단해진다. 다음과 같은 문제가 있다고 하자.

$$\{125(\sqrt{2}+\sqrt{3}+5)+15\}\div5-5(\sqrt{2}+\sqrt{3}+5)+3(\sqrt{2}+\sqrt{3}+5)-3$$

이것을 일일이 계산할 것인가? 여기서 문자를 쓰면 계산이 아주 간단해진다. $(\sqrt{2}+\sqrt{3}+5)$를 a라 하고 식을 정리해 보자.

$$(125a+15)\div5-5a+3a-3$$

$$=25a+3-5a+3a-3$$
$$=23a$$

그럼 답은 $23a$, 즉 $23(\sqrt{2}+\sqrt{3}+5)$가 된다. 일일이 계산하든 문자 a로 바꿔 놓고 계산하든 그것은 여러분의 자유이지만, 조금만 머리를 쓰면 생활이 편리해진다는 것을 잊지 말자.

셋째, 수학적 사실을 간결하고 명쾌하게 나타냄으로써 수학을 추상화해 다룰 수 있는 힘을 키울 수 있다. 예를 들어 "자연수는 덧셈에 대한 교환법칙이 성립한다."라는 사실을 나타내 보자.

$$1+1=1+1$$
$$1+2=2+1$$
$$2+3=3+2$$
……

그런데 언제까지 이런 나열을 계속해야 하나? 자연수가 무한개라는 것을 생각하면 이렇게 일일이 나열하기란 불가능하다. 이럴 때 문자를 쓰면, "a와 b가 자연수일 때 두 자연수 a와 b 사이에는 $a+b=b+a$가 성립한다."라고 나타낼 수 있다. 구체적 사실을 장황하게 열거하지 않고도 한 문장으로 추상화할 수 있다는 것이다.

넷째, 양(量) 사이의 관계를 쉽게 파악할 수 있다. "평면도형 중에서 사다리꼴의 넓이는 윗변의 길이에 아랫변의 길이를 더한 뒤 그것을 절반으로 나누어 높이를 곱함으로써 구할 수 있다."라는 말은 외우기도 어렵고,

이들 사이의 관계를 알기도 어렵다. 이때도 문자를 쓰면 어려움이 해결된다. 넓이를 S, 윗변의 길이를 a, 아랫변의 길이를 b, 높이를 h로 놓자.

$$S=\frac{(a+b)}{2}h$$

이 식을 보면, 사다리꼴의 평행한 두 변의 길이와 높이를 통해 사다리꼴 넓이를 구할 수 있고 높이가 두 배 되면 넓이도 두 배 된다는 사실까지 알게 된다.

지금까지 살펴본 것처럼, 문자를 쓰면 수학적 사실들이 간결하고 명확하게 표현될뿐더러, 복잡하고 다양한 범주의 문제들이 쉽게 해결된다. 수학에서 문자식을 쓰는 것은 일종의 약속이다. 처음에는 낯설고 어렵겠지만, 문자로 수식을 만들어 문제를 푸는 과정을 잘 이해하고 습관을 들이면 곧 자기 것이 되게 마련이다. 이제부터라도 문자식과 친해지자. 말로 표현된 수학 문제들을 문자식으로 정리하고, 문자식으로 표현된 문제들은 의미를 새겨 말로 푸는 연습을 해 보면 수학 원리에 더 가까이 다가갈 수 있게 된다.

부호를 감추고 있는 문자

문자 계수의 조건

경식이가 고등학교에 올라가 처음으로 수학 시험을 보게 되었다. 그런데 아니, 웬 때 아닌 일차부등식 문제? 일차부등식쯤이야 중학교 때 벌써 다 뗐다고 여긴 경식이. 문제를 보자마자 의기양양하게 풀기 시작했다.

문제 : x에 관한 다음 부등식을 풀어라. (5점)

$$ax+b<cx+d$$

풀이 : $ax-cx<d-b$

$$(a-c)x<d-b$$

$$\therefore x<\frac{d-b}{a-c}$$

여러분이 채점자라면 경식이한테 몇 점을 주겠는가?

경식이의 일차부등식

문자식에 어느 정도 익숙해졌을 학생들에게 "$a<0$일 때 $-a$는 양수일까요, 음수일까요?" 하고 물으면 여전히 틀리게 답하는 학생들이 많다. 계속 음수라는 것이다. 몇몇 학생들은 문자 a 앞에 있는 '$-$'를 보라며 부득부득 우기기까지 한다. 오호통재라! 우긴다고 진리가 변하는가? 여기서 $-a$는 어디까지나 양수이다.

우리가 수학에서 일반적인 수를 대신해 문자를 쓸 때, 그 문자가 반드시 양수라는 보장은 어디에도 없다. $a<0$이면 $-a$는 양수이다. 즉, 문자 앞에 붙어 있는 부호는 신빙성이 전혀 없다. 문자 계수를 포함한 방정식과 부등식을 풀 때에는 특히 주의해야 한다. 그럼 이제 경식이가 푼 일차부등식을 우리도 풀어 보자.

$$ax+b<cx+d$$

일차방정식과 부등식에서는 x가 있는 항은 좌변으로, 상수항은 우변으로 이항해 간단하게 정리한다.

$$ax-cx<d-b$$
$$(a-c)x<d-b$$

여기까지는 아무 문제가 없다. 그러나 부등식에서 x의 계수로 양변을 나눌 때에는 주의해야 한다. 그 계수가 양수이면 부등호 방향은 그대로, 음수이면 부등호 방향은 반대, 0이라면 나눌 수 없다. 따라서 이 문제는

x의 계수를 세 경우로 나누어 생각해서 풀어야 한다.

① $a-c>0$인 경우, 즉 $a>c$이면

$(a-c)x<d-b$

$\therefore x<\dfrac{d-b}{a-c}$

② $a-c<0$인 경우, 즉 $a<c$이면

$(a-c)x<d-b$

$\therefore x>\dfrac{d-b}{a-c}$

③ $a-c=0$인 경우, 즉 $a=c$이면

$(a-c)x<d-b$

$0\cdot x<d-b$

이 중에서 세 번째 경우를 마저 풀어 보자. $0\cdot x$는 x가 무엇이든 그 값은 0이 된다. 따라서 $d-b$가 0보다 큰 값이면 이 부등식은 언제나 성립하고, 그렇지 않으면 전혀 성립하지 않는다. 그러므로 이때는 "$d-b>0$이면 x는 모든 실수값이고, $d-b\leqq 0$이면 해는 없다."라고 풀이를 마치면 된다.

0으로 나눌 수 있다면 나는야 로마 교황!

등식의 성질

방정식의 풀이법을 공부하고 있던 영국이는 방정식 $x-2=2x-1$을 풀다가 엉뚱한 답이 나와서 고민에 빠졌다.

$x-2=2x-1$

-2를 우변으로, -1을 좌변으로 이항하면

$x+1=2x+2$이므로

$x+1=2(x+1)$

양변을 $x+1$로 나누면

$1=2$

아니, 이럴 수가! 여러분도 어떤 식을 풀다가 이런 결과가 나와서 당황했던 적이 있는가?

0으로 나눌 수 있다면?

영국이가 모순된 답을 얻은 이유는 등식의 성질 가운데 하나인 "양변을 0으로 나누어서는 안 된다."를 잠시 잊고 문제를 풀었기 때문이다. 앞의 방정식을 다시 풀어 보자.

$x-2=2x-1$

$2x$를 좌변으로, -2를 우변으로 이항하면

$x-2x=-1+2$

$-x=1$

$x=-1$

이처럼 $x=-1$이면 $x+1=0$이 된다. 영국이는 등식의 양변을 $x+1$로 나누었으니 0으로 나눈 셈이다. 그래서 $1=2$라는 엉뚱한 결론을 내고 말았다. 그런데 진짜 $1=2$가 맞다면, 다시 말해 등식의 양변을 0으로 나눌 수 있다면 어떻게 될까? 아마 세상은 온통 뒤죽박죽이 될 것이다. 먼저, $1=2$가 되면 수학에서 모든 수는 다 같아져 버린다. $1=2$의 양변에 각각 1을 더하면 $2=3$이 되고, $2=3$의 양변에 각각 1을 더하면 $3=4$가 되고……. 한편, $1=2$라면 "당신은 거지이다."가 성립된다.

당신과 거지는 둘이다.

그런데 $2=1$이다.

그러므로 당신과 거지는 하나다.

따라서 당신은 거지이다.

위의 증명은 영국의 철학자이자 수학자인 러셀(1872~1970)이 실제로 제시한 적 있는 어떤 증명을 따라 한 것이다. 러셀은 어느 대학의 강연회에서 "1=2라면 세상의 모든 말이 다 참이다."라고 주장한 적이 있다. 그때 한 학생이 "그렇다면 선생님 자신이 교황이라는 사실을 증명해 주십시오." 하자 위와 같은 논리로 "나는 교황이다."를 증명했다.

여러분은 그동안 등식의 성질이나 실수의 연산 법칙에서 '0으로 나누는 것은 제외'라는 조건이 늘 따라다니는 것을 어떻게 이해하고 받아들였는가? 대수롭지 않게 여겨 그냥 넘겼을지도 모르는데, 수학에서 0으로 나누는 것은 이제까지 살펴보았듯이 모순된 결과를 초래한다. 그러니 방정식이나 부등식에서 양변에 똑같은 문자가 곱해져 있다고 무조건 상쇄시켜 버리는 일은 삼가야 한다. 그 밖에도 수학에는 제한적인 조건이 따라다니는 정리들이 많다. 수학에는 이유 없는 것이란 없다. 그러한 조건이 왜 붙는지 한 번쯤 꼼꼼히 따져 보면 그러려니 했던 수학의 세밀한 부분까지 새로이 깨닫게 된다.

모르지만 알 수 있어요

미지수와 방정식

기원전 17세기에 이집트의 서기관 아메스는 분수 계산을 비롯한 여러 가지 수학 문제들을 파피루스에 기록했다. '아메스 파피루스'로 불리는 이 문서에는 다음과 같은 내용이 적혀 있다.

아하와 아하의 $\frac{1}{7}$을 합한 값이 19일 때, 그 아하를 구하라.

아메스 파피루스의 일부

여기서 '아하'란 알지 못하는 값, 곧 미지수를 말한다. 아메스 파피루스가 씌어진 시기는 고대 이집트 수학이 정점에 이른 때였다는데, 당시에 사람들은 이 문제를 어떻게 풀었을까?

그들은 '가정법'을 써서 이 문제를 풀었다. 그 풀이법의 개요는 이렇다. 먼저, 아하를 7이라고 가정한다(가정하는 것이므로 다른 수로 놓아도 상관없음).

$$7+7\times\frac{1}{7}=8$$

그러나 합한 값이 8이 아니라 19여야 하므로, 8을 19로 만들기 위해 8에 각각 2배, $\frac{1}{4}$배, $\frac{1}{8}$배를 해서 더한다.

$$8\times\underline{2}+8\times\underline{\frac{1}{4}}+8\times\underline{\frac{1}{8}}=16+2+1=19$$

그리고 처음에 가정한 아하 7에 이러한 비례를 적용해 계산한 값을 실제 아하로 본다.

$$7\times\underline{2}+7\times\underline{\frac{1}{4}}+7\times\underline{\frac{1}{8}}=14+\frac{7}{4}+\frac{7}{8}=\frac{133}{8}$$

실제 아하는 $\frac{133}{8}$인 것이다. 이 방법은 방정식을 배우기 전에 미지의 값을 구하려고 이것저것 미리 대입해 보던 방법과 비슷하다. 예를 들어 다음과 같은 문제가 있다.

80원짜리 우표와 60원짜리 엽서를 합하여 열두 장 사고

1000원을 냈다. 그리고 거스름돈으로 200원을 받았다.
우표와 엽서를 각각 몇 장씩 샀는가?

결국 우표와 엽서를 합해 800원에 산 것이다. 방정식을 모른다 치고 이것저것 대입해 가며 풀어 보자. 먼저, 우표와 엽서를 똑같이 여섯 장씩 샀다고 하자. 그러면 $80\times6+60\times6=840$(원)이 된다. 800원보다 값이 더 많이 나왔으니 값비싼 우표의 장수를 줄여 보자. 그래서 우표를 다섯 장, 엽서를 일곱 장 샀다고 다시 가정하자. 그러면 $80\times5+60\times7=820$(원)이다. 여전히 800원보다 많다. 우표의 장수를 더 줄여야 한다. 우표를 네 장, 엽서를 여덟 장 샀다고 치자. 그러면 $80\times4+60\times8=800$(원), 드디어 답이 나왔다! 답은 우표 네 장, 엽서 여덟 장이다.

아하 문제나 우표-엽서 문제 모두 답은 구했지만, 계산 과정이 직관적이거나 너무 복잡하고 지루하다. 간단한 문제도 이러한데 복잡한 문제라면 오죽할까.

모르는 것을 아는 것으로

위와 같은 문제들을 가정법을 쓰거나 일일이 대입해 확인하는 과정을 거치지 않고 단번에 풀 수 있도록 한 사람은 '대수학의 아버지'로 불리는 디오판토스(246? ~ 330?)이다. 디오판토스는 미지수를 x로 놓고 식을 세워 문제를 풀 수 있도록 했다. 그런데 이 방법을 알아내기란 쉽지 않았다. 여기에는 '모르는 것'을 '안다'고 생각하는 사고의 대전환이 필요했기 때문이다. '모르는 것'을 '아는 것'으로 하는 것, 그것이 바로 문자 x의 역할이다. x를 이용해 방정식을 세우고 아하 문제를 풀어 보자.

아하를 x라 하면

$$x+\frac{x}{7}=19$$

$$7x+x=133$$

$$8x=133$$

x, 즉 아하는 $\frac{133}{8}$

우표-엽서 문제도 풀어 보자. 우표 개수를 x로 놓으면 엽서 개수는 $12-x$가 된다.

$$80x+60(12-x)=800$$

$$80x+720-60x=800$$

$$20x=80$$

$$x=4$$

따라서 우표는 네 장, 엽서는 여덟 장

우리가 처음에는 풀기 어렵고 대체 어떻게 해야 할지 알 수 없던 응용 문제들을 거뜬히 풀 수 있는 것은 방정식 덕택이다. 이제 모르는 것을 구하는 문제가 나오면 과감히 모르는 것 개수만큼 미지수를 도입해 일단 식으로 표현하려는 노력을 해 보자.

디오판토스의 묘비

우리가 복잡한 수학 문제들을 방정식을 세워 간단히 해결할 수 있게 도와준 디오판토스는 그의 업적과 더불어 묘비에 새겨진 글로 더욱 유명하다. 그의 묘비에는 다음과 같은 글이 쓰여 있다고 한다.

이 무덤 아래 디오판토스 잠들다.
이 경이에 찬 사람, 이곳에 잠든 이의 기예를 빌려 여기에 그의 나이를 적는다.
그는 일생의 $\frac{1}{6}$을 소년으로 지내고, 이후 일생의 $\frac{1}{12}$을 보내고 수염을 길렀다.
이후 일생의 $\frac{1}{7}$이 지나고 결혼하여 5년 뒤에 아이를 낳았다.
슬프구나. 그 아이는 사람들의 사랑과 보살핌 속에
아비 생애의 절반을 살고는 세상을 뜨고 말았다.
이 슬픔을 견디며 지내기를 4년, 아비 또한 이 땅의 삶을 마쳤도다.

그래서 도대체 디오판토스는 몇 살까지 살았다는 걸까? 어떤 이는 이 문제를 보더니 죽어서까지 사람을 피곤하게 한다며 디오판토스를 원망하던데, 여러분도 같은 심정인지……. 그런데 꽤 복잡해 보이는 디오판토스의 나이 문제는 고작 '일차 방정식'이다. 방정식을 세우는 것은 모르는 것을 안다고 가정하는 것이므로 디오판토스의 나이는 x살이다. 그렇다면 다음과 같은 식이 성립한다.

$$\frac{1}{6}x + \frac{1}{12}x + \frac{1}{7}x + 5 + \frac{1}{2}x + 4 = x$$

양변에 84를 곱하여 정리하면

$$14x + 7x + 12x + 420 + 42x + 336 = 84x$$

$$9x = 756$$

$$x = 84$$

즉, 디오판토스는 84세까지 살았다.

이 문제에서 우리는 다음과 같은 교훈을 얻을 수 있다.

"우리에게 방정식이 있는 한
미리부터 겁낼 필요는 없다!"

이차방정식의 해를 찾아서

근의 공식과 이차방정식

다항식의 곱을 손쉽게 전개할 수 있는 곱셈정리를 배우고 나면 이것의 반대 과정인 인수분해를 배우게 된다. 인수분해란 전개되어 있는 다항식을 적당한 다항식들의 곱으로 나타내는 것이다. 그렇다면 다항식을 인수분해하는 이유는 무엇일까?

인수분해는 여러 곳에서 힘을 발휘하지만, 가장 유용하게 쓰이는 경우는 방정식의 해를 구할 때이다.

$x^2-5x+6=0$

$(x-2)(x-3)=0$

$x=2$ 또는 3

그러나 모든 다항식이 이처럼 인수분해가 될까? x^2-3x-1은 인수분해를 하고 싶어도 유리수 범위에서는 인수분해가 되지 않는다. 그러면 이런 방정식의 해는 어떻게 구할까?

이차방정식의 근의 공식

$2x^2+x-5=0$이라는 이차방정식이 있다고 하자. 이 식에서 x^2의 계수, x의 계수, 상수항을 차례로 써 보면 $(2,\ 1,\ -5)$이다. 이차방정식의 근(해)은 바로 이 계수들의 사칙연산과 제곱근에 따라 결정된다. 이것을 보여 주는 것이 바로 이차방정식의 근의 공식이다.

x^2의 계수가 a, x의 계수가 b, 상수항을 c라고 하면

이차방정식은 다음과 같다.

$ax^2+bx+c=0$ $(a\neq 0)$

각 항을 a로 나누면

$$x^2+\frac{b}{a}x+\frac{c}{a}=0$$

완전제곱식을 만들기 위해

$$x^2+\frac{b}{a}x+\frac{b^2}{4a^2}-\frac{b^2}{4a^2}+\frac{c}{a}=0$$

$$\left(x+\frac{b}{2a}\right)^2=\frac{b^2}{4a^2}-\frac{c}{a}=\frac{b^2-4ac}{4a^2}$$

$$x+\frac{b}{2a}=\pm\sqrt{\frac{b^2-4ac}{4a^2}}$$

$$x=-\frac{b}{2a}\pm\frac{\sqrt{b^2-4ac}}{2a}$$

$$\therefore x=\frac{-b\pm\sqrt{b^2-4ac}}{2a}$$

이차방정식의 근의 공식은 이차식이 인수분해가 되든 안 되든 전혀 상관이 없을뿐더러, 근을 구하려고 식을 특별한 꼴로 변형할 필요도 없다. 근의 공식의 a 자리에 x^2의 계수를, b 자리에 x의 계수를, c 자리에 상수항을 대입해 계산만 하면 이차방정식은 간단히 해결된다. $2x^2+x-5=0$을 근의 공식을 이용해 풀어 보자.

$a=2$, $b=1$, $c=-5$이므로

$$x=\frac{-1\pm\sqrt{1^2-4\cdot2(-5)}}{2\cdot2}=\frac{-1\pm\sqrt{41}}{4}$$

이렇게 보면 근의 공식이야말로 방정식을 푸는 만병통치약 같다. 이런 까닭에 사람들은 이차방정식뿐만 아니라 삼차방정식, 사차방정식, 오차방정식까지 근의 공식을 찾아내려고 많은 시간과 노력을 쏟았다.

폰타나와 삼차방정식

고차방정식의 일반 해법

일차, 이차방정식은 근을 구하는 일반 해법(근의 공식)이 있다. 특히, 앞에서 살펴보았듯이 이차방정식의 경우 인수분해가 되지 않더라도 일반 해법이 있기 때문에 어떠한 경우라도 그 해를 쉽게 구할 수 있다. 그러면 삼차방정식은 어떨까?

$x^3-6x^2+11x-6=0$

$(x-1)(x-2)(x-3)=0$

$x=1$ 또는 2 또는 3

위와 같이 인수분해가 되는 삼차방정식은 인수분해를 해서 풀 수 있다. 그런데 이는 아주 예외적인 경우이다. $x^3+2x^2-3=0$을 살펴보자. 이 식은 아무리 애를 써도 유리수 범위에서는 인수분해가 되지 않는다.

결국 무리수나 복소수의 계수를 갖는 일차식의 곱으로 인수분해를 해야 한다는 뜻인데, 거의 불가능한 일이다. 그러면 어떻게 풀어야 할까? 이차 방정식의 근의 공식처럼 각 항의 계수들만으로 적당히 더하고 곱해서 근을 구할 수는 없을까?

"난 삼차방정식의 일반 해법을 안다!"

인수분해가 쉽게 되지 않는 일반적인 삼차방정식은 어떻게 풀어야 할까? 이 문제에 매달려 완벽하게 해법을 만들어 낸 사람은 이탈리아의 수학자 폰타나(1499~1559)이다. 그는 '말 더듬는 사람'을 뜻하는 별명 '타르탈리아'로 더 많이 알려져 있는데, 이 별명은 그가 어렸을 때 프랑스 군의 공격을 받아 턱에 상처를 입은 뒤로 말을 더듬었기 때문에 붙여진 것이라고 한다.

폰타나는 몹시 가난한 형편에서 자랐지만, 수학적 재능이 뛰어나 30세도 되기 전에 베니스의 수학 교수가 되었다. 당시 볼로냐 대학교의 교수였던 페로(1465?~1526)는 삼차방정식의 일반 해법을 부분적으로 알아내어 자기 제자인 플로리도에게만 가르쳐 주고 세상을 떠났다. 플로리도는 비록 불완전하게 알고 있었지만, "삼차방정식의 해법을 안다."고 세상에 발표했다. 이때는 폰타나도 삼차방정식의 일반 해법을 알아낸 뒤였으므로 크게 놀라며 플로리도에게 수학 시합을 청했다. 당시 수학자들은 수학 시합을 함으로써 자신의 능력을 확인하고

폰타나

세상에 드러내기를 곧잘 했는데, 양쪽이 같은 수의 문제를 내서 빠른 시일 안에 상대방이 낸 문제를 많이 푸는 사람을 승자로 인정했다. 삼차방정식을 빠르고 정확하게 풀어야 하는 이 시합의 결과는 당연히 일반 해법을 완전하게 알아낸 폰타나의 승리로 끝났다.

비운의 폰타나

이 소문이 널리 퍼져 나가자, 당시 밀라노의 수학 교수였던 카르다노는 폰타나를 찾아와 제자로 삼아 주길 간청하면서, 절대로 발설하지 않겠다는 약속하에 삼차방정식의 일반 해법을 익혔다. 그러나 비겁한 카르다노는 곧바로 책을 써서 그것을 자기가 알아낸 해법인 것처럼 발표해 버렸고, 자기 제자인 페라리(1522 ~ 1565)에게도 알려 주었다. 번역 일을 끝내고 삼차방정식의 일반 해법을 발표할 예정이었던 폰타나는 너무나 놀란 나머지 카르다노에게도 수학 시합을 청했다. 물론 이 시합에서도 폰타나가 이겼지만, 교활한 카르다노는 결과를 교묘히 속였다. 이에 상심한 폰타나는 삼차방정식의 일반 해법을 자기 이름으로 발표하지 못한 채 시름시름 앓다가 그만 죽고 말았다.

이후 카르다노의 제자 페라리는 연구를 거듭해 사차방정식의 일반 해법도 알아냈다. 이에 용기를 얻은 수학자들은 오차방정식의 일반 해법에까지 관심을 갖게 되었고, 어떻게 하면 그 일반 해법을 만들어 낼 수 있을지 고민했다. 바로 그때 일반 해법을 '어떻게 만드느냐'보다는 그러한 해법이 '과연 존재하느냐'를 연구한 사람이 있었다. 그가 바로 노르웨이의 수학자 아벨(1802 ~ 1829)이다. 아벨은 오차 이상의 방정식은 일반 해법이 존재하지 않는다는 것을 밝혀냈고, 이로써 200년 가까이 논란의 대상이 되어 온 '오차방정식의 일반 해법 찾기'에 종지부를 찍었다.

참고로 삼차방정식의 일반 해법을 덧붙인다. 내용이 꽤 어렵긴 하지만, 역사적으로 많은 화제를 낳았고 수학적으로도 의미가 있는 해법이어서 접해 볼 필요가 있다. 사차방정식의 일반 해법도 이와 비슷하다.

■ 삼차방정식의 해법

$ax^3+bx^2+cx+d=0 \ (a\neq0)$ …… ①

①을 a로 나누면

$x^3+px^2+qx+r=0 \ \left(p=\frac{b}{a},\ q=\frac{c}{a},\ r=\frac{d}{a}\right)$ …… ②

②에서 x 대신 $y-\frac{p}{3}$를 넣으면

$\left(y-\frac{p}{3}\right)^3+p\left(y-\frac{p}{3}\right)^2+q\left(y-\frac{p}{3}\right)+r=0$ …… ③

③을 정리하면 y^2의 계수는 $-3\times\frac{p}{3}+p$이므로 0이 된다.

즉, ③은 아래와 같이 간단하게 표현된다.

$y^3+qy+r=0$ …… ④

삼차방정식의 일반형 ①은 결국 제곱항이 없는 ④의 꼴로 정리할 수 있다. 그러므로 아래의 ⑤만 풀면 된다.

$x^3+mx=n$ …… ⑤

⑤에서 x 대신 $u+v$를 넣으면

$(u+v)^3+m(u+v)=n$

$u^3+3uv(u+v)+v^3+m(u+v)=n$

$u^3+v^3+(3uv+m)(u+v)=n$

$u^3+v^3=n$이 되도록 $u,\ v$를 잘 선택한다.

그러면 $3uv+m=0$, $u^3v^3=-\frac{m^3}{27}$

즉, u^3과 v^3은 이차방정식 $t^2-nt-\frac{m^3}{27}=0$의 해여야 한다. 그러므로

$u^3=\frac{n+\sqrt{n^2+\frac{4}{27}m^3}}{2}$, $v^3=\frac{n-\sqrt{n^2+\frac{4}{27}m^3}}{2}$이고,

$u=\sqrt[3]{\frac{n+\sqrt{n^2+\frac{4}{27}m^3}}{2}}$, $v=\sqrt[3]{\frac{n-\sqrt{n^2+\frac{4}{27}m^3}}{2}}$

$\therefore x=u+v=\sqrt[3]{\frac{n+\sqrt{n^2+\frac{4}{27}m^3}}{2}}+\sqrt[3]{\frac{n-\sqrt{n^2+\frac{4}{27}m^3}}{2}}$

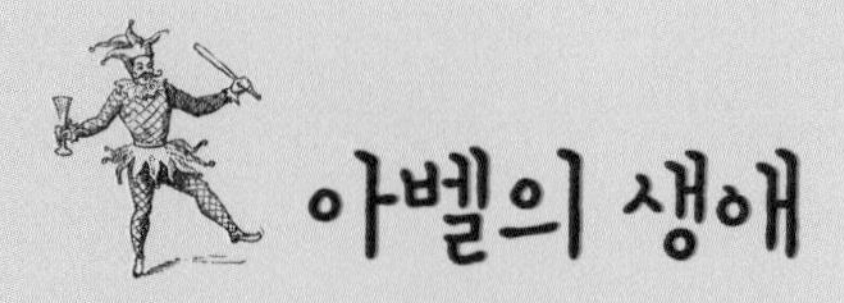

아벨의 생애

오차방정식의 일반 해법이 존재하지 않음을 증명한 아벨은 노르웨이의 조그만 마을에서 목사의 아들로 태어났다. 불우한 환경에서도 학문에 힘쓰며 살다가 홀룸보에라는 훌륭한 교사를 만나게 되면서 수학적 재능을 발휘하게 되었다.

아무리 천재적인 아벨이었지만, 처음부터 오차방정식의 일반 해법이 존재하지 않는다고 여겼던 것은 아니다. 아벨도 한때 오차방정식의 일반 해법을 찾아냈다고 여겨 이를 논문으로 작성해서 홀룸보에를 통해 덴마크의 최고 수학자에게 보낸 적이 있다. 당시 그 수학자는 아벨의 논문에서 부족하거나 잘못된 점들을 발견해 지적했고, 자신의 불완전한 논리를 인정한 아벨은 오차방정식의 대수적 해법이 존재하느냐에 의문을 품고 연구하기 시작했다. 그러던 중 아벨의 능력을 아깝게 여긴 친구들은 아벨이 유럽으로 유학을 떠날 수 있도록 정부 보조금을 대신 요청해 받아냈다.

아벨은 베를린으로 유학 가기 13개월 전에 '오차방정식의 대수적 해법의 불가해성'을 증명한 논문을 인쇄해 가우스에게 보냈다. 그러나 '오차방정식의 대수적 해법'이라는 지극히 어려운 문제에 대해 오랜 세월 무수히 많은 학자들이 말도 안 되는 증명을 발표해 왔던 탓에, 가우스는 아벨의 논문을 받아 들고는 "도깨비 같은 녀석이 또 있군!" 하며 내팽개쳤다고 한다. 이 일로 아벨은 가우스를 지독히 싫어하면서 늘 헐뜯는 말만 하게 되었다.

가우스

아벨은 가우스와의 학문적 만남을 끝내 포기한 채 베를린으로 유학을 떠났다. 거기서 홀룸보에에 버금가는 일생 최고의 협력자를 만나게 되었다. 바로 독일의 수학자 크렐레(1780~1855)이다. 크렐레는 세계 최초로 수학 전문 잡지를 만들어 낸 학자로, 수학적 재능 외에도 사업 수완이나 사람을 보는 안목이 뛰어났다고 한다. 아벨의 천재성을 한눈에 알아본 크렐레는 잡지 창간호와 2호에 아벨의 논문을 스물두 편이나 실었다. 이로써 아벨의 이름이 유럽의 수학자들에게 알려지게 되었고, 아벨과 같은 우수한 수학자들의 논문을 실으면서 크렐레의 잡지는 발전을 거듭해 나갔다.

한편, 아벨은 천재성이 두드러진 만큼 유럽의 수학계에서 소외감도 느꼈다. 그래서 프랑스 파리 학술원에 제출해야 할 논문의 검토를 프랑스의 수학자 코시(1789~1857)에게 맡기고 홀로 여행을 떠났다. 코시는 논문을 미리 검토해 보지 않았을 뿐 아니라, 같이 심사를 맡은 수학자와 함께 논문의 내용이 너무 어렵고 글씨가 조잡하다는 이유로 별 관심을 보이지 않았다. 그러다가 1829년에 독일의 수학자 야코비(1804~1851)가 아벨의 논문을 근대 수학의 기념비적인 성과로 평가하자, 코시는 그간 묵혀 둔 아벨의 논문을 아벨이 죽은 이듬해인 1830년에 다시 찾아내어 1841년이 되어서야 프랑스 파리 학술원 논문집에 실었다.

아벨은 유럽 유학 중 파리에 머무는 동안 폐결핵에 걸려서 고국으로 돌아오지만, 아무 데서도 그를 받아 주지 않았다. 남은 생이 얼마 되지 않음을 느낀 아벨은 조바심을 내며 무리하게 연구에 매달린 나머지 더 일찍 세상을 떴다. 크렐레의 끈질긴 교섭으로 베를린 대학교의 수학 교수에 임명되었지만, 그 임명장이 도착한 것은 안타깝게도 그가 죽은 며칠 뒤였다.

정리만 있고 증명은 없다?

페르마의 대정리

1993년 6월 23일 영국 케임브리지 대학교 뉴턴 수리 연구소. 박수 소리가 우레처럼 쏟아진다. 20세기 수학을 마감하는 대업적이 세상에 선을 보이는 순간이다. 300년간 미해결 문제로 남아 있던 '페르마의 대정리'가 드디어 증명된 것이다. 그 위대한 업적을 이룬 사람은 앤드루 와일스 교수. 그가 생각해 낸 '페르마의 대정리' 증명은 세계의 수학계가 검토하는 데만도 몇 달이 걸렸다고 한다.

디오판토스가 발견한 정수 쌍

페르마의 대정리는 어디에서 비롯되었을까? 멀리 기원전으로 거슬러 올라가자. 고대 사람들은 자연수 3, 4, 5가 $3^2+4^2=5^2$을 만족한다는 것을 알아냈다. 이러한 자연수의 쌍인 (3, 4, 5)가 직각삼각형의 세 변을 이룬다는 것도 알아냈다. 이에 덧붙여 피타고라스는 $a^2+b^2=c^2$이 되는 자

앤드루 와일스 페르마의 대정리를 증명해 낸 직후 청중들을 향해 환하게 웃고 있다.

연수 쌍 (a, b, c)를 쉽게 찾아내는 방법도 알아냈다. 실제로 $5^2+12^2=13^2$, $8^2+15^2=17^2$ 등 무수히 많은 자연수의 쌍들이 존재한다. 이러한 자연수를 '피타고라스의 수'라고 부른다.

이러한 수학적 호기심은 디오판토스로 이어졌다. 디오판토스는 식이 하나이고 미지수가 여러 개인 방정식 — '부정방정식' 또는 '디오판토스 방정식'이라고 부름—에 관심을 가졌다. 그래서 피타고라스의 정리 $x^2+y^2=z^2$을 일부 변형해 $x^4+y^4+z^4=u^2$이 되는 정수의 쌍 (x, y, z, u)를 찾아냈다. 그런데 왜 디오판토스는 피타고라스의 정리에서 지수를 확장하여 $x^3+y^3=z^3$이 되는 정수를 찾으려 하지 않고, 미지수를 하나 더 첨가하고 지수도 하나 더 늘려서 $x^4+y^4+z^4=u^2$이 되는 복잡한 식의 정수 해를 구하려 했을까? 이와 같은 의문을 갖고 이 문제에 매달린 사람이 바로 프랑스의 수학자 페르마(1601~1665)이다.

페르마

페르마의 대정리가 탄생하기까지

어느 날 페르마는 디오판토스의 「정수론」을 읽다가 $x^4+y^4+z^4=u^2$을 만족하는 정수 x, y, z, u가 존재한다는 증명을 보고 '왜 디오판토스는 피타고라스의 정리를 확장하여 $x^3+y^3=z^3$이 되는 정수 x, y, z를 구하려 하기보다 이렇게 복잡한 식의 해를 구하려 했을까?' 하고 의아해했다. '아마도 $x^3+y^3=z^3$이 되는 정수 x, y, z는 존재하지 않기 때문이 아닐까?'라고 추측하고는 곧바로 이 문제를 연구하기 시작했다. $x^3+y^3=z^3$이 되는 정수 x, y, z가 존재할까? 또 $x^4+y^4=z^4$이 되는 정수 x, y, z는 어떨까? $x^5+y^5=z^5$인 정수 x, y, z는? …… 결국 페르마는 이와 같은 정수 x, y, z는 존재하지 않는다는 것을 알아냈고, 자신의 책 여백에 이 정리의 내용을 적어 놓았다.

> $n>2$인 자연수 n에 대해서 $x^n+y^n=z^n$인 정수 x, y, z는 존재하지 않는다.

이것이 바로 '페르마의 대정리'이다. 그런데 그는 야속하게도 "여백이 너무 좁아서 증명은 쓰지 않는다."라고 덧붙여 놓았다.

"All the News That's Fit to Print"

The New York Times

Late Edition

VOL.CXLII . . . No. 49,372 — NEW YORK, THURSDAY, JUNE 24, 1993 — 50 CENTS

At Last, Shout of 'Eureka!' In Age-Old Math Mystery

Split in Japan's Ruling Party Is Rearranging Political Map

House Retains Space Station In a Close Vote

SENATORS TAKE UP CLINTON'S BUDGET WITH ACID DEBATE

G.O.P. ALTERNATIVE BEATEN

Two Parties Relish the Stage, Trading Vitriolic Speeches on How to Trim Deficit

Cutback in U.S. Funds to Reduce Summer Jobs for New York Youths

U.S. Reports Setback On Russian Aid Plan

S.& L. Woes Impinge on Privileged Haven

Budget Debate: A Primer

Cutting Through Claims and Counterclaims As Senate Ponders Ways to Curb the Deficit

Economic Rumblings

INSIDE

앤드루 와일스가 페르마의 대정리를 증명해 낸 소식은 『뉴욕 타임스』 1면에 대서특필되었다.

페르마는 취미로 수학을 연구했다. 그는 통찰력이 뛰어나서 당시 아무도 증명하지 못한 문제들을 완성하고, 끝내 완성하지 못한 증명은 추정만이라도 했다. 페르마가 죽은 뒤 후대 수학자들은 그가 완성해 놓은 증명들을 많이 발굴해 냈다. 그러면서 추정으로 그친 증명들을 마저 완성하기도 했다.

페르마가 죽은 뒤 사람들은 '페르마의 대정리'에 대한 증명도 언젠가는 그의 유품에서 발견되리라 기대했다. 하지만 불행히도 끝내 발견되지 않았다. 이에 자극을 받은 많은 수학자들이 300여 년간 연구를 거듭했다. n이 3이나 4, 5처럼 특별한 경우는 증명이 되었지만, 모든 자연수 n에 대해서는 그 누구도 증명하지 못했다. 그러다가 과학과 수학의 황금기인 20세기가 막을 내리려는 순간, 와일스 교수가 $n>2$인 모든 자연수 n에 대해 페르마의 대정리가 완벽하게 성립함을 증명해 냈다. 와일스 교수는 타원곡선 이론과 관계된 추론이 페르마의 대정리와 상관있다는 사실이 밝혀진 뒤로 10여 가지의 복잡한 현대 수학 이론들을 결합하여 증명에 도달했던 것이다.

페르마의 대정리를 증명해 내는 것은 수학 역사상 가장 많은 상금이 걸린 문제였다. 1850년과 1861년에 프랑스 파리 학술원은 이 정리를 완벽하게 증명하는 사람에게 금메달을 수여하고 상금 3000프랑을 주겠다고 발표했다. 1908년에는 독일의 대부호 볼프스켈이 10만 마르크의 상금을 내걸고는, 앞으로 100년 안에 이 정리를 증명하는 사람에게 수여하라는 유언을 남기기도 했다. 내로라하는 수학자들이 학문적 호기심과 탐구욕으로 이 문제에 매달렸는데, 혹시 페르마의 대정리가 잘못된 것은 아닐까 의심하기도 했다. 그러나 20세기 끝자락에 페르마의 대정리는 증명되었고, 이 정리를 증명하려 애쓴 여러 수학자들 덕분에 수학계는 더욱더 발전하게 되었다.

3. 함수 이야기

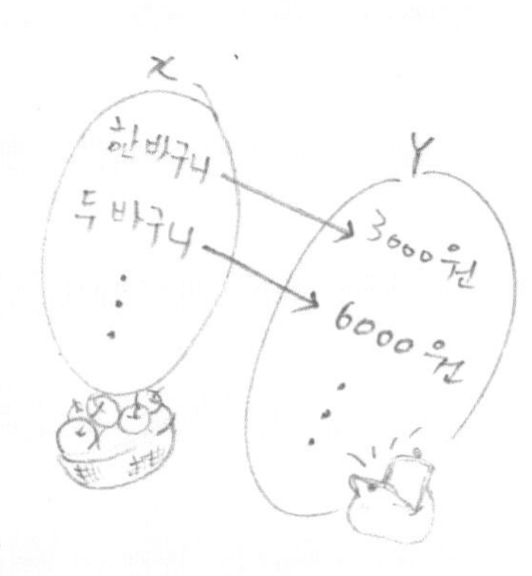

아오리
한바구니
3000원

먹을수록 밥이 줄어요

함수의 개념

처음 본 사람도 외모를 보고 이름을 단번에 알아맞힐 푸짐이. 오늘도 학교에 다녀와 밥통을 부여안고 저녁 식사에 열중하고 있다. 그런데 밥을 먹고 있는 푸짐이의 두 뺨에 흘러내리는 저 눈물은 무슨 의미인지? 밥통에서 겨우 얼굴을 쳐든 푸짐이, 마침내 입을 열었다.

"먹을수록 밥통의 밥이 자꾸 줄어들어요. 으앙~!"

푸짐 양, 눈물을 닦길……. 그대는 지금 함수적 사고를 하고 있다.

"……???"

함수란 무엇인가?

'푸짐이가 밥통의 밥을 먹는다'는 행위에 따라 '밥통의 밥이 줄어든다'는 현상이 일어나듯이, 우리 삶을 이루고 있는 수많은 것들은 언뜻 보기에는 독립적으로 존재하고 변화하는 것 같지만 사실은 서로 영향을 끼치며 밀접하게 연관되어 변화한다.

- 그림을 그릴수록 크레용의 길이가 짧아진다.
- 해가 바뀌면 나이를 한 살 더 먹는다.
- 속도를 높이면 가는 시간이 줄어든다.
- 사과 개수에 따라 사과 값이 정해진다.
- 소포의 무게에 따라 우편 요금이 정해진다.

본디 함수는 이렇게 연관되어 변화하는 두 가지 대상을 놓고 한쪽의 변화에 잇따르는 다른 쪽의 변화를 알아보려는 사고 방법이다.

함수는 자연과학이 발달한 17세기에 자연현상을 좀 더 간결하고 명확하게 설명하려는 의도에서 만든 개념이다. 달리는 속력과 공기 저항 사이에는 어떤 연관성이 있는지, 자유낙하를 하는 물체의 속력은 시간에 따라 어떻게 달라지는지 등을 관찰이나 실험으로 알아내면, 그 결과를 일반화해서 실제로 실험이나 조사를 하지 않고도 알고 싶은 값들을 예측하는 데 함수 개념을 도입했다. 즉, 함수는 두 가지 대상 사이에 관계를 맺어 보고, 그 관계를 일반적인 규칙으로 나타내려는 시도에서 출발했다.

세월이 지나면서 함수란 무엇인가에 대한 개념 정의도 조금씩 달라졌다. 오늘날에는 '두 변수 x, y에 대하여 x의 값이 결정됨에 따라 y의 값이 하나로 결정될 때, y를 x의 함수'라고 정의한다. 그럼 y의 값이 왜 꼭 하나여야 할까? 이는 x가 주어졌을 때 y가 하나로 결정되지 않는다면 x와 y 사이의 관계 규칙을 알 수 없기 때문이다. 결국 'y의 값이 하나로 결정될 때'라는 조건은 두 변화량 사이의 관계를 알아보고자 하는 함수의 의의가 반영된 것이다.

표현은 달라도 우리는 같은 함수

함수를 표현하는 다양한 방법

내 동생 곱슬머리 개구쟁이 내 동생
이름은 하나인데 별명은 서너 개
아빠가 부를 때는 꿀돼지
엄마가 부를 때는 두꺼비
누나가 부를 때는 왕자님
랄라 랄라 랄라 랄라
어떤 게 진짜인지 몰라 몰라 몰라.

어렸을 적 누구나 한 번쯤은 불러 봤음직한 동요이다. 노래를 보면 '내 동생'은 한 명인데, 부르는 이름은 여러 가지임을 알 수 있다. 이는 어떤 대상을 나타내는 데에는 그 대상이 지닌 성질 중 어떠한 면을 강조하느냐에 따라 여러 가지 방법이 있을 수 있음을 간접적으로 알려 준다.

함수도 마찬가지이다. 예를 들어 한 개에 500원 하는 귤의 개수와 귤의 가격 사이의 관계를 나타내는 함수를 생각해 보자.

① 표

위에 제시된 귤의 개수와 귤의 가격 사이의 관계를 표로 정리하면 다음과 같다.

귤의 개수(개)	1	2	3	4	5	6	……
귤의 가격(원)	500	1000	1500	2000	2500	3000	……

② 순서쌍

함수는 순서쌍을 이용해 표현할 수도 있다. 독립적으로 먼저 변화하는 것을 앞쪽에 쓰고, 그에 따라 변화하는 것을 뒤쪽에 쓴다. 그러면 위의 함수는 다음과 같이 표현된다.

$$(1, 500), (2, 1000), (3, 1500), (4, 2000), \cdots\cdots$$

③ 화살표 다이어그램

귤의 개수를 집합 X, 귤의 가격을 집합 Y라 하면 이 함수는 다음과 같이 나타낼 수 있다.

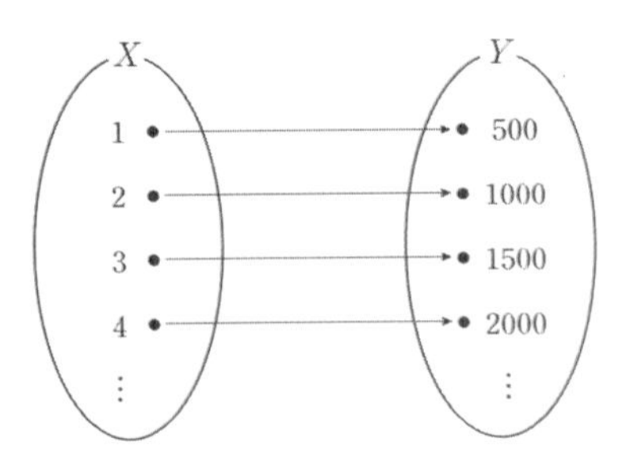

우리는 위와 같은 방법들을 적절히 사용해 함수를 나타낼 수 있다. 그러나 이러한 방법들은 x의 값을 일일이 나열해야 하는 불편함이 있으며, x의 값이 1, 2, 3, ……처럼 이산적으로 변하지 않고 연속적으로 변하는 경우에는 전체적인 관계를 한눈에 파악하기가 어렵다는 단점이 있다. 이를 보완하려고 함수를 나타낼 때 가장 널리 쓰는 방법이 바로 식과 그래프이다.

함수는 식이다?

함수와 식

선생님 : 여러분은 함수란 무엇이라고 생각하나요?

금　희 : 집합 A와 B가 있을 때, A의 숫자에 B의 숫자를 하나씩 짝지을 수 있는 것입니다.

은　영 : 어떤 물체나 숫자, 자료를 결합하는 것, 즉 묶어 놓거나 연결하는 것입니다.

수　혁 : 두 가지 중 한 가지(수)를 일정하게 변화시킬 때 나머지(수)의 변화를 알아보는 것입니다.

우　석 : 어떤 수에 곱하기 등을 하는 것입니다.

미　경 : 둘 이상 되는 변수 사이의 관계식입니다.

윤　철 : 한 물체가 어떤 물체를 통과해서 생기는 상입니다.

가　영 : 평면 위에 x축과 y축으로 나누어 곡선이나 직선을 나타낸 것을 말합니다.

선생님 : 함수에 대한 생각이 그야말로 천차만별이군요. 지금까지 여러 사람이 말했는데, 모두 다 맞나요? 함수를 잘못 설명한 사람은 없나요?

함수와 식

몇 해 전, 우리나라 중·고등학생들이 함수를 어떻게 이해하고 있는지 알아보려고 설문 조사를 한 적이 있다. 중학교 1학년부터 고등학교 2학년까지의 학생들 515명을 대상으로 함수와 관련된 설문지를 작성하게 했는데, 3번 질문이 "함수란 무엇이라고 생각하는가?"였다. 위의 학생들 말은 실제로 그때 조사에 참가한 학생들의 응답 중 대표적인 것들이다. 조사한 내용을 분석한 결과 흥미로운 사실을 발견할 수 있었다. 바로 함수를 '식'이라고 생각하는 학생들이 의외로 많다는 것이다. 한편 식이 함수를 표현하는 한 방법임을 잘 이해하지 못하는 학생들도 꽤 많았다.

교과서 어디에도 함수가 식이라는 말이 나오지 않는다. 실제로 다음과 같은 대응은 식으로 나타내기 어렵지만, 함수이다.

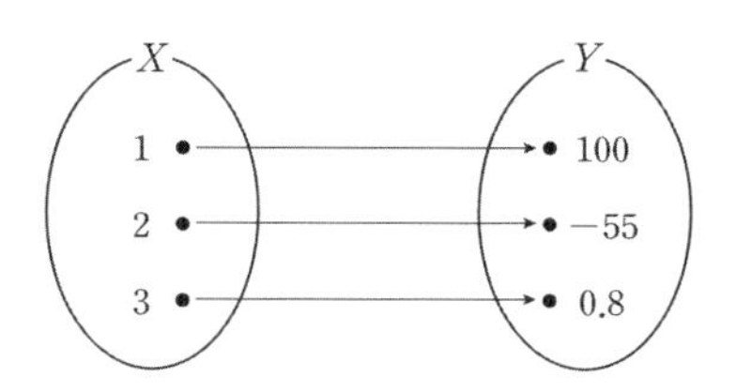

그러나 식으로 나타낼 수 없는 함수는 수학적으로 큰 의미를 갖기 어렵다. 함수를 식으로 나타낼 수 없다는 것은 대부분의 경우 정의역의 원

소와 공역의 원소 사이의 규칙을 찾기 어렵다는 뜻이기 때문이다. 이럴 경우 함수가 갖고 있는 일관된 성질을 파악하기가 어려워서 함수의 변화를 예측할 수 없게 된다. 어떻게 변화할지 알 수 없다면 왜 구태여 함수를 연구한단 말인가. 따라서 함수가 곧 식은 아니지만, 함수는 식으로 나타낼 수 있을 때 비로소 수학적 의미를 크게 얻는다고 할 수 있다.

한편, 식은 무엇보다도 함수를 간단명료하게 표현해 주는 데 유용하다. 앞에서 귤의 개수와 귤의 가격 사이의 관계를 표, 순서쌍, 화살표 다이어그램으로 각각 나타내 보았는데, 이를 식으로 표현하면 아주 간단해진다. 즉, 귤의 개수를 x, 귤의 가격을 y라 하면, 귤의 개수에 대한 가격의 함수는 다음과 같다.

$$y=500x \ (x\text{는 자연수})$$

특히, 변하는 두 양 x와 y가 시간, 길이, 넓이 등과 같이 연속적으로 변화하는 것일 때 식은 많은 정보를 제공한다. 예를 들어 길이 30cm인 양초가 있는데 1분마다 0.5cm씩 줄어든다고 하자. 촛불을 켜고 0.1초가 지났을 때 줄어든 양초 길이, 0.2초가 지났을 때 줄어든 양초 길이, 0.3초가 지났을 때 줄어든 양초 길이……, 이런 식으로 세세히 다 나타낼 수는 없다. x분 뒤 줄어든 양초의 길이(cm)를 y라 하고 다음과 같은 식으로 표현하면 변화량 간의 관계를 잘 알 수 있다.

$$y=\frac{1}{2}x \ \{x \mid 0 \leqq x \leqq 60\text{인 실수}\}$$

y=f(x)

함수를 $y=f(x)$라고 표현한 것은 x의 값이 어떤 함수 f에 따라 y의 값으로 정해진다는 의미이다. 이때 f는 두 양 사이의 규칙을 나타내 준다. 여기서 x와 y를 사용한 것은 두 변수를 x와 y로 보았기 때문인데, 얼마든지 다른 문자를 써도 된다. 함수를 나타내는 기호 역시 꼭 f를 써야 하는 것은 아니다. 다만, 함수 규칙이 그때 사용한 두 문자(변수) 간의 관계로 적절히 표현되어야 한다. 예를 들어 다음의 두 식을 살펴보자.

① $f(x)=x^2+ax$

② $g(a)=x^2+ax$

두 식을 보면 우변은 같지만 좌변은 각각 $f(x)$와 $g(a)$로 다르다. ①은 x에 대한 (이차)함수, ②는 a에 대한 (일차)함수라는 뜻이다. 위에서 0의 함수값을 구해 보면 두 식이 다르다는 것을 알 수 있다.

① $f(0)=0^2+a\cdot0=0$

② $g(0)=x^2+0\cdot x=x^2$

반면에 아래 두 식은 문자 표현은 다르지만 같은 함수를 나타낸다.

$f(x)=x-5$

$g(t)=t-5$

라이프니츠

일반적으로 함수를 나타내는 기호 f는 '함수'를 뜻하는 영어 'function'에서 첫 글자를 따온 것이다. 함수는 본래 독일의 수학자 라이프니츠(1646~1716)가 맨 처음 사용한 용어이며, 이후 오일러(1707~1783)가 함수를 표현하는 방법으로 $f(x)$를 쓰기 시작했다고 알려져 있다.

식은 함수를 표현하는 가장 간단명료한 방법이지만 시각적이지는 못해서, 하나하나의 대응 관계나 전체적인 변화 관계 또는 전반적인 경향 등을 한눈에 파악하기 어렵다는 치명적인 단점이 있다. 이러한 단점은 데카르트(1596~1650)가 좌표평면을 만들어 함수를 그릴 수 있게 함으로써 보완되었다.

위치를 말하시오

좌표의 탄생

SOS! SOS!

"여기는 교실밖 수학여행 호. 우리 배는 지금 폭풍을 만나 난파당하기 직전이다. 구조를 요청한다, 오버!"

"구조 헬기를 보낼 테니 어서 위치를 말하라, 오버!"

"여기는 북위 37.35도, 동경 137.55도, 오버!"

위치를 나타내는 숫자 '좌표'

위와 같이 위치를 숫자로 나타내는 방법을 만들어 낸 사람은 바로 프랑스의 유명한 수학자이자 철학자인 데카르트이다. 데카르트가 만든 '좌표'의 원리는 평면 위에 존재하는 점의 위치를 나타내기 위해 기준축의 교점이 되는 원점 0에서 가로축으로 얼마만큼, 세로축으로 얼마만큼 떨어져 있는지를 순서쌍으로 나타내는 것을 말한다.

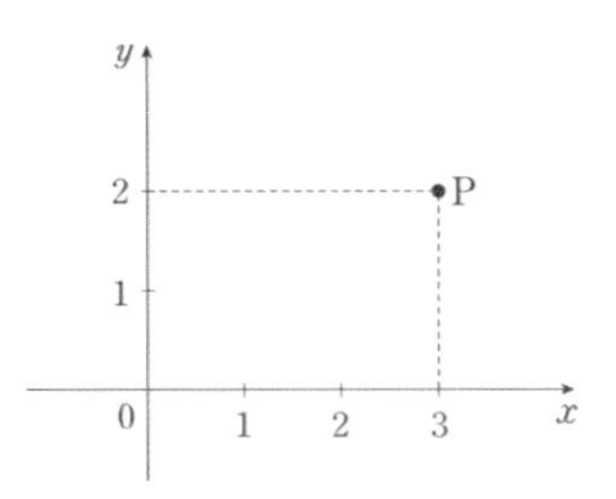

위 그림에서 점 P는 원점 0에서 오른쪽으로 3칸, 위로 2칸 떨어져 있으므로 (3, 2)로 표시한다. 반대로 (3, 2)라는 순서쌍을 좌표평면 위에 나타낼 수도 있다. 이렇게 좌표평면 위에 임의의 점의 위치를 (x, y)로 표시함으로써 직선뿐만 아니라 원, 타원, 쌍곡선과 같은 기하학적 도형도 모두 식으로 나타낼 수 있게 되었다. 또 정비례 관계가 있는 함수식은 직선으로, 반비례 관계가 있는 함수식은 쌍곡선으로 나타낼 수도 있게 되었다. 이것을 '함수의 그래프'라고 한다.

데카르트

데카르트가 만든 좌표는 대수학과 기하학에 획기적인 발전을 가져왔을 뿐 아니라, 함수를 표현하는 수단으로도 크게 환영받게 되었다. 단순한 수식이나 대응 관계로만 나타내던 함수는 '그래프'라는 강력한 도구 덕분에 그 변화 관계를 한눈에 파악할 수 있게 됨으로써 비약적인 발전을 이루었다.

데카르트는 어떻게 좌표를 만들어 냈을까?

데카르트는 태어나자마자 어머니를 여의었으나, 자상한 아버지의 사랑을 받으며 충실한 보모의 손에 자랐다. 데카르트는 어려서부터 허약했다. 그래서 아버지는 데카르트가 여덟 살 되던 해까지 학교에 보내지 않다가, 아들의 뛰어난 재능을 아깝게 여겨 결국 예수회 학교에 보냈다. 마침 그 학교의 교장인 샤를레 신부는 영리한 데카르트를 무척 아꼈다. 그래서 데카르트가 수업에 부담 없이 자유롭게 출석하도록 배려해 주었다.

학교를 졸업한 데카르트는 수학의 증명만이 가장 과학적이며 엄밀한 사고라는 결론에 도달해, "나는 생각한다. 고로 존재한다."라는 유명한 말을 남기기도 했다. 데카르트가 수학 역사상 큰 획을 그은 좌표를 생각해 낸 것은 그가 심신의 평안을 찾아 군인을 자원해 전쟁터에 있을 때였다. 어느 날 막사 침대에 누워 골똘히 생각에 잠겨 있는데, 마침 격자무늬의 천장에서 날아다니는 파리를 발견하고는 그 파리의 위치를 쉽게 나타내는 방법이 없을까 고민하게 된 것이다.

'움직이고 있는 파리가 여기에서 저기로
자리를 옮겼다는 사실을 잘 설명하려면 어떻게 해야 하나?
여기와 저기를 어떻게 정하면 되는가?'

데카르트는 수학자답게 곰곰이 따져 파리의 위치를 점으로 보고, 이 점이 있는 곳을 말해 주려면 어떤 기준이 있어야 한다는 사실을 깨달았다. 그리하여 벽과 천장이 만나는 두 개의 모서리를 기준으로 파리의 위치를 표현하려다가 좌표에 대한 아이디어를 얻었다.

아킬레우스가 거북을 따라잡을 수 없다고?

함수 그래프

여기는 그리스의 아테네 광장. 철학자 제논이 광장 한가운데에 사람들을 모아 놓고 무언가를 주장하고 있다.

"자, 여러분, 내 말을 잘 들어 보시오. 세상에서 가장 빨리 달리는 아킬레우스도 거북이 100m 앞에서 출발하기만 한다면 거북을 따라잡지 못하오. 왜 그런지 아시오? 예를 들어 아킬레우스가 거북보다 열 배 빠른 속도로 달린다고 할 때, 처음에 거북이 있던 100m 지점에 왔을 때 거북도 그 사이 10m를 가게 되고, 다시 아킬레우스가 10m 지점에 왔을 때 거북은 1m 앞으로 가게 되오. 그럼 다시 아킬레우스가 거북이 있는 곳까지 가게 되더라도 그 사이 거북도 조금씩 앞선 지점에 있게 되므로 아킬레우스는 영원히 거북을 따라잡을 수 없게 되오."

과연 제논의 주장이 맞는지 틀린지 단번에 증명할 수 있는 방법은 없을까?

그래프를 그려 보자

기원전 450년 무렵에 제논은 아킬레우스와 거북이 벌이는 경주에 대한 이야기로 사람들을 혼란에 빠뜨렸다. 이 이야기에 등장하는 아킬레우스는 그리스 신화에 나오는 전설적인 마라톤 영웅으로, 그가 느림보 거북조차 따라잡지 못한다는 것은 말도 안 되었기 때문이다. 언뜻 들어서는 타당한 이야기 같지만, 이 이야기는 사실 시간을 고려하지 않아 생긴 '착각'이라 할 수 있다. 그 이유는 다음과 같이 시간과 달린 거리 사이의 그래프를 만들어 보면 단번에 알 수 있다.

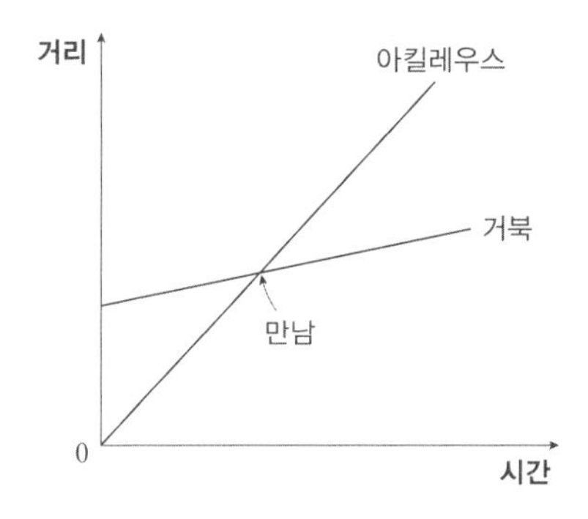

거북은 앞서 출발했으나 달리는 속도가 느리므로 기울기가 완만하고, 아킬레우스는 거북보다 늦게 출발했으나 속도가 빠르므로 기울기가 가파르다. 아킬레우스는 출발한 지 얼마 되지 않아 거북을 따라잡는데, 그 시간과 거리는 위 그래프에서 두 직선이 만나는 지점이다.

그래프의 힘

다음과 같이 인구 변화에 관한 함수를 표로 나타낸 자료가 있다. 이 자료에서 어떠한 사실을 알 수 있을까?

충청 지방 주요 도시의 인구 변화

	대전	공주	청주	충주
1910년	4,250	7,164	3,535	2,693
1925년	9,001	10,035	11,789	6,372
1944년	69,732	17,673	41,242	32,255
1960년	229,393	27,071	92,342	68,624
1975년	639,585	39,756	192,707	105,143
1990년	1,049,122	65,190	477,783	128,425
2000년	1,318,207	65,735	586,700	162,528

※ 2000년 공주시와 충주시의 인구는 통합시 중에서 읍, 면을 제외한 것
(단위 : 명 / 출처 : 인구 주택 총조사 보고서 각 연도)

표를 들여다보니 인구가 지역별, 연도별로 나열되어 있긴 한데, 이 표로는 인구 변화 양상을 통합적으로 이해하기 어렵다. 이때 그래프를 그려 보면 인구 변화에 대한 다양한 정보를 얻을 수 있다. 그것도 한눈에 알아볼 수 있게 말이다.

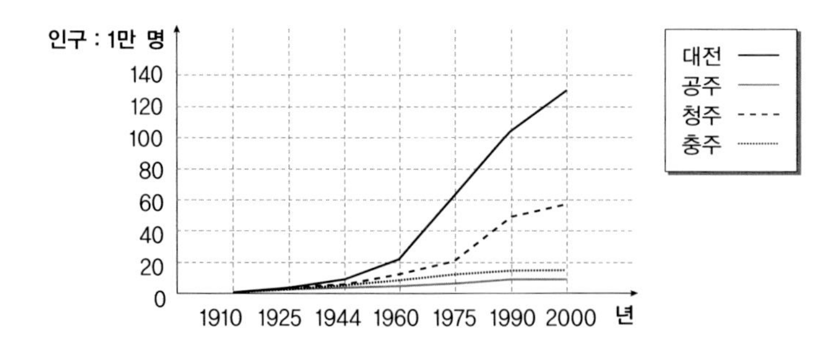

서로 영향을 끼치는 두 가지 변화량(연도, 인구)이 있을 때, 각 변화량을

표의 형식으로 나열만 해 놓으면 두 변화량의 관계나 전체의 경향(인구 변화 양상)을 파악하기 어렵다. 이런 경우 변화량 수치를 좌표평면에 점으로 나타내면 두 변화량 사이의 관계와 전체 경향을 한눈에 알 수 있다. 그리고 그 점들을 오차 범위 내에서 연결해 직선이나 포물선, 쌍곡선 등의 그래프로 표현하면 더 많은 정보를 얻을 수 있다.

그래프의 해석

수학에서는 주어진 함수를 그래프로 올바르게 그려 내는 일도 중요하며, 그것 못지않게 그래프를 올바르게 읽어 내는 일도 중요하다. 함수를 그래프로 올바르게 나타내는 것은 컴퓨터 사용이 일반화된 오늘날에는 그리 어렵지 않지만, 그래프를 올바르게 해석하는 것은 여전히 유의해야 한다. 실제로 자연과학에서 실험을 통해 얻은 그래프나 사회과학에서 사회현상을 연구해 얻은 그래프 등은 어떻게 그리느냐보다는 얻어진 그래프를 어떻게 분석하느냐를 더 중요하게 여긴다.

예를 들어 다음과 같은 함수 그래프가 있다. 어떻게 해석하는 것이 바람직할까?

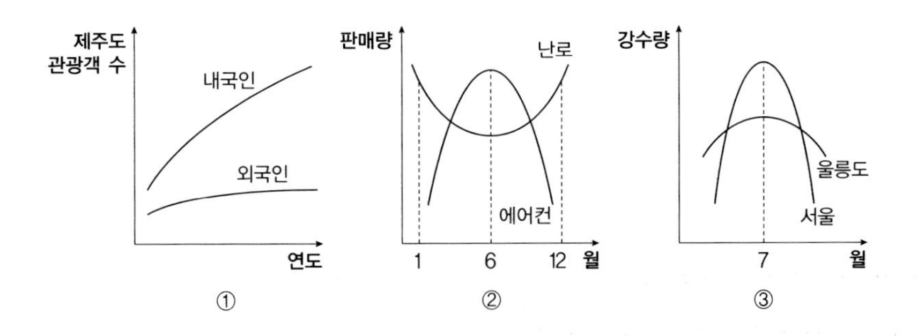

그래프 ①은 "제주도를 찾는 내국인 관광객의 수는 꾸준히 증가하지만 외국인 관광객의 증가세는 상대적으로 낮다."라고 해석하면 맞다. 또 그래프 ②는 "에어컨은 여름인 6월에, 난로는 겨울인 12월과 1월에 판매량이 많다."라고 해석하면 된다. 마지막으로, 그래프 ③은 "서울은 상대적으로 여름에 비가 많이 와서 강수량이 높고, 울릉도는 1년 동안의 강수량 차이가 크지 않은 것으로 보아 겨울에 눈이 많이 온다고 할 수 있다."라고 해석하면 된다.

함수 번역

지금까지 함수를 표, 순서쌍, 화살표 다이어그램, 식, 그래프 등 다양한 방법으로 나타낼 수 있음을 살펴보았다. 그런데 함수 표현에서 중요한 점은 특정한 함수 관계를 상황에 맞게 어떤 방법으로든 나타낼 수 있어야 한다는 것이다. 이처럼 본질적으로 같은 함수 관계를 표현 방식을 바꿔 나타내는 것을 '함수 번역'이라고 한다. 함수 번역은 수학을 좀 더 쉽게 공부할 수 있도록 해 주며, 함수 번역 자체가 자연스럽게 수학적 사고를 일으킨다.

우리는 밀접한 관계

함수와 방정식, 부등식

씩씩한 발걸음으로 3층 복도를 울리며 걸어온 선생님은 교실에 들어서자마자 칠판에 다음과 같이 썼다.

① x^2-x-6

② $x^2-x-6=y$

③ $x^2-x-6=0$

④ $x^2-x-6>0$

"자, 지금 적은 식은 모두 비슷비슷해 보이죠? 그러나 각 식이 나타내는 내용은 아주 다를 뿐 아니라 이름도 다릅니다. 누가 한번 설명해 볼까요, 이 네 가지 식이 어떻게 다른지?"

함수와 방정식, 부등식의 관계

비슷해 보이는 식들도 어떤 기호와 문자를 사용했는지에 따라 이름과 역할이 달라진다. 먼저 위의 네 가지 식에 이름을 붙여 보자.

① x^2-x-6 : 이차다항식

② $x^2-x-6=y$: 이차함수

③ $x^2-x-6=0$: 이차방정식

④ $x^2-x-6\geqq 0$: 이차부등식

②는 x값이 자유롭게 변할 때마다 x^2-x-6으로 계산된 y값이 생기므로 '함수'라고 부르며, 쉽게 그래프로 나타낼 수 있다.

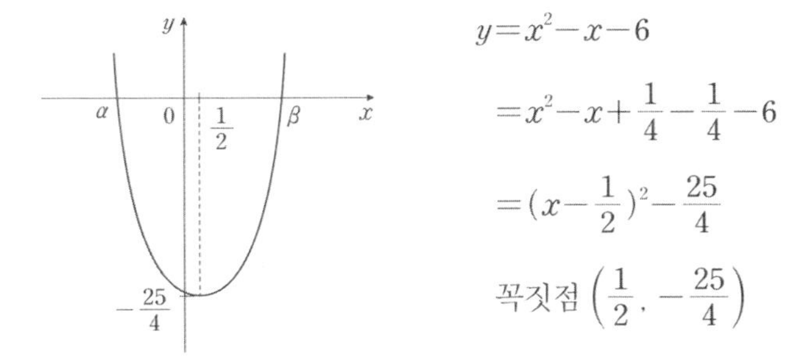

반면에 ③은 x값에 따라 주어진 식이 성립할 수도, 성립하지 않을 수도 있기 때문에 '방정식'이라고 부른다. 이것의 해는 인수분해나 근의 공식으로 쉽게 얻을 수 있다.

$$x^2-x-6=0$$

$(x-3)(x+2)=0$

$\therefore x=3$ 또는 $x=-2$

이제 좀 다른 관점에서 살펴보자. 방정식인 ③은 함수식인 ②에서 함수값 y가 0인 경우로, ③의 해는 곧 y가 0이 되는 x를 구하는 것과 같다. 그러므로 ②를 나타낸 앞의 그래프에서 $y=0$인 x축과 만나는 두 점 α와 β가 바로 ③의 해인 -2와 3이 되는 것이다. 즉, ③의 해가 ②의 그래프에서는 x절편이 된다. ②의 그래프에서 α와 β 대신에 -2와 3을 표시하면 더 정확한 그래프가 되는 셈이다.

이와 마찬가지로 ④는 함수값 y가 0보다 큰 경우로, 이때 해는 y가 0보다 클 때의 x값의 범위가 된다. 그 범위는 아래 그래프에서 색칠한 부분이다.

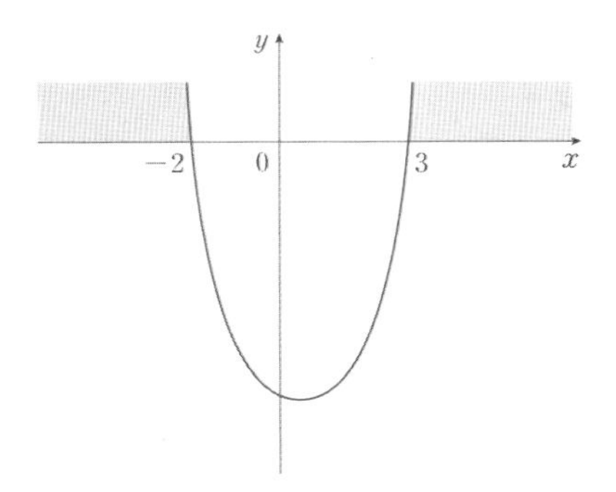

그러므로 $y=x^2-x-6\geqq 0$의 해집합은 $\{x|x\leqq -2$ 또는 $x\geqq 3\}$이다. 만일 부등호의 방향이 바뀌어 $x^2-x-6\leqq 0$의 해를 구해야 한다면, 앞의 그래프에서 y가 0보다 작은 범위인 $\{x|-2\leqq x\leqq 3\}$이다.

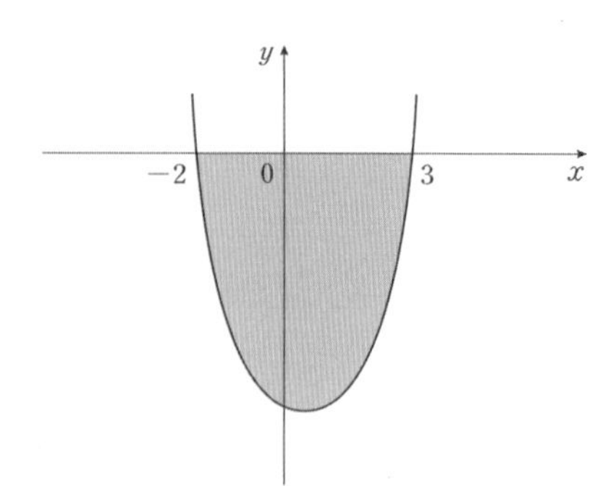

판별식도 이용하자

이차방정식의 근을 알아내는 데에는 판별식이라는 강력한 해결사가 있다. 판별식은 방정식뿐만 아니라 함수식과 부등식을 다루는 데에도 아주 유용하다.

① $D=b^2-4ac>0$일 때

앞에서 예로 든 $x^2-x-6=0$은 판별식 $D=(-1)^2-4\cdot1\cdot(-6)=25>0$이므로, 서로 다른 두 개의 실근을 갖는다. 또 주어진 식을 y로 받은 이차함수 $y=x^2-x-6$은 두 개의 서로 다른 x절편을 갖는다. 따라서 다음과 같은 그래프가 그려진다.

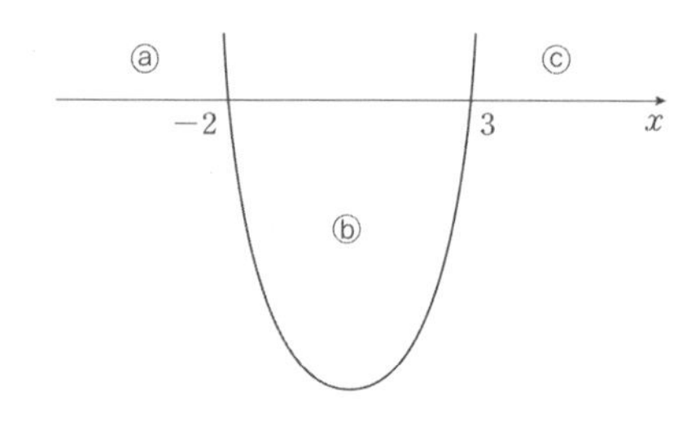

이때 $x^2-x-6\geqq 0$의 해는 ⓐ, ⓒ 범위이므로, $\{x|x\leqq -2$ 또는 $x\geqq 3\}$이고, $x^2-x-6\leqq 0$의 해는 ⓑ 범위이므로 $\{x|-2\leqq x\leqq 3\}$이 된다.

② $D=b^2-4ac=0$일 때

이차방정식 $x^2-6x+9=0$의 판별식은 $D=6^2-4\cdot 1\cdot 9=0$이므로 해는 중근 3이다. 그러면 $y=x^2-6x+9$는 x축과 오로지 한 점 3에서 만나며, 그래프로 나타내면 아래와 같다.

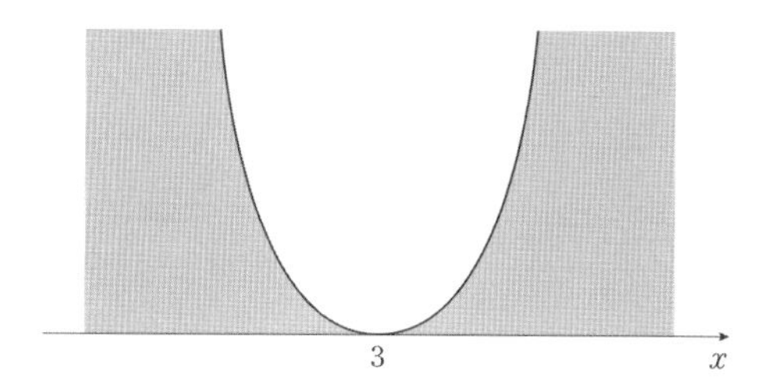

한편, $x^2-6x+9>0$의 해는 색칠한 부분(그래프 경계선 제외)에 해당하는 x 범위인 $x<3$ 또는 $x>3$이며, $x^2-6x+9<0$의 해는 그래프가 x축 아래로 내려간 부분이 없으므로 ϕ이 된다.

③ $D=b^2-4ac<0$일 때

방정식 $x^2-2x+5=0$의 판별식을 구하면 $D=2^2-4\cdot 1\cdot 5=-16<0$이기 때문에 서로 다른 두 허근이 존재하며, 이는 실수로 이루어진 x축 위에 나타낼 수 없다. 이때 함수 $y=x^2-2x+5$를 그래프로 나타내면, 꼭짓점이 x축보다 위인 곳에 존재하므로 x절편(방정식의 실근)이 존재하지 않음을 확인할 수 있다. 그리고 부등식 $x^2-2x+5>0$의 해는 실수 전체이며, $x^2-2x+5<0$의 해는 ϕ이라는 것도 알 수 있다.

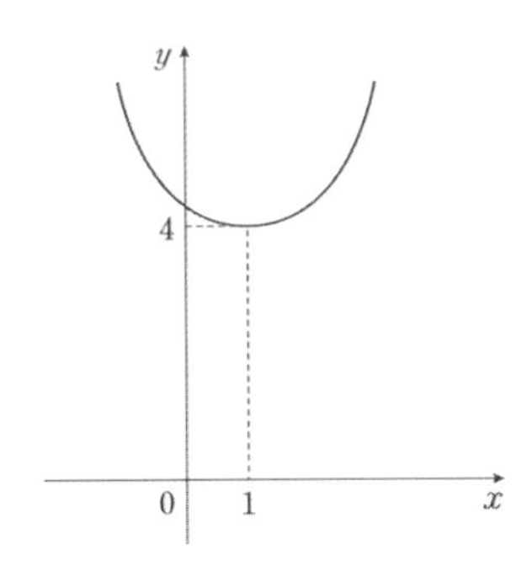

알아보기 쉬운 표준형, 모든 것을 나타내는 일반형

함수와 곡선의 방정식

지금 거실 텔레비전에서는 청소년들의 우상 '울트라주니어'의 콘서트 실황이 방송되고 있다. 하지만 수돌이는 뿌리치기 어려운 유혹에 넘어가지 않고 자기 공부방에서 열심히 수학 숙제를 하고 있다.

문제 : 다음 직선의 방정식을 구하라.

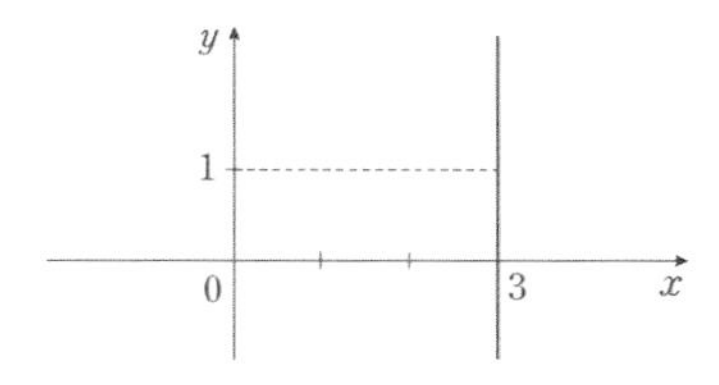

'직선이라고? 그러면 $y=ax+b$라고 식을 놓으면 되겠지? 먼저 기울기를 구해 볼까? 적당히 두 점을 잡으면 (3, 0), (3, 1)이지. 기울기

$a=\frac{y\text{의 변화량}}{x\text{의 변화량}}$이니까 $\frac{1-0}{3-3}$하면 $\frac{1}{0}$이네. 아니, 이럴 수가? 분모가 0이면 안 되는데…….'

일차함수 y=ax+b와 직선의 방정식 ax+by+c=0

위에서 수돌이는 무엇을 잘못한 걸까? 바로 $y=ax+b$는 직선의 일반 방정식이 아니라는 사실을 잠시 잊었던 것이다. 물론 $y=ax+b$의 그래프를 그리면 직선이 된다. 특히, $a=0$이면 $y=b$로, x축에 평행한 직선이 나타난다. 그러나 $y=ax+b$가 나타낼 수 없는 직선이 있다. 그것은 바로 y축에 평행한 직선이다. $y=ax+b$는 y의 계수가 1이기 때문에 a, b가 어떤 값이어도 $x=k$ 꼴, 즉 y축에 평행한 직선은 나타낼 수 없다.

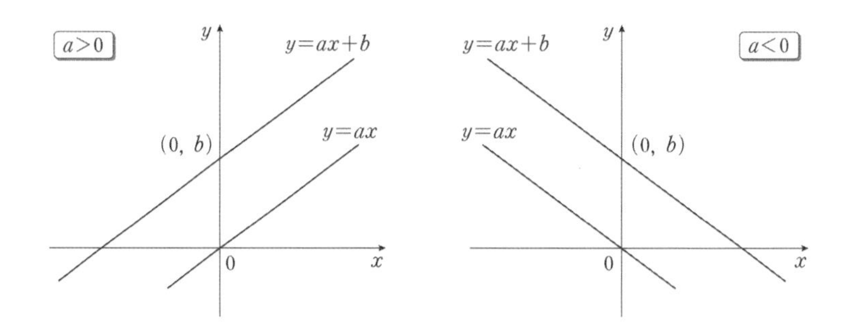

이와는 달리, $ax+by+c=0$의 그래프는 a, b, c의 변화에 따라서 x축에 평행한 직선도, y축에 평행한 직선도, 그 밖에 어떠한 축에도 평행하지 않은 직선도 모두 나타낼 수 있다. 그렇다면 $ax+by+c=0$이 $y=ax+b$보다 직선을 나타내는 데 더 유용한 식이 아닐까? $ax+by+c=0$은 모든 직선을 나타낼 수는 있지만, 한 가지 큰 단점이 있다. 바로 그래프의 특징을 단번에 알아챌 수 없다는 것이다. 즉, $y=2x+1$은 기울기가 2이고 y절편이 1이므로 y축의 1을 지나 오른쪽으로 갈수록 위로 올라가는 직선임을 금방 알 수 있다. 그러나 같은 그래프라도 식을 $2x-y+1=0$으로 표현하면 그 특징이 식에서 드러나지 않게 된다.

이렇듯 어떤 직선의 방정식을 나타내려 할 때 그 방정식의 꼴이 하나만 있는 것은 아니다. 일반적으로 그래프의 특징을 쉽게 알아볼 수 있도록 표현한 식을 '표준형'이라 하며, 내림차순으로 전개한 식을 '일반형'이라 한다. 표준형과 일반형 중 어느 한쪽만 알아 두는 것보다 양쪽을 다 알고 상황에 따라 적절하게 사용하는 것이 편리하다.

이차함수

이차함수는 일반적으로 $y=ax^2+bx+c$ $(a\neq0)$로 나타낼 수 있다. 그러나 이 식은 그래프에 대한 정보를 한눈에 알아보기 어렵게 되어 있다. 따라서 이차함수의 기본 변형이라 불리는 '완전제곱 더하기 상수' 꼴인 $y=a(x-m)^2+n$으로 나타내는 것이 좋다. 이차함수를 이와 같이 변형하면 꼭짓점과 대칭축의 방정식을 구할 수 있어서 그래프를 그리기가 아주 쉽다. $a>0$이면 그래프는 다음과 같은 모양이 된다.

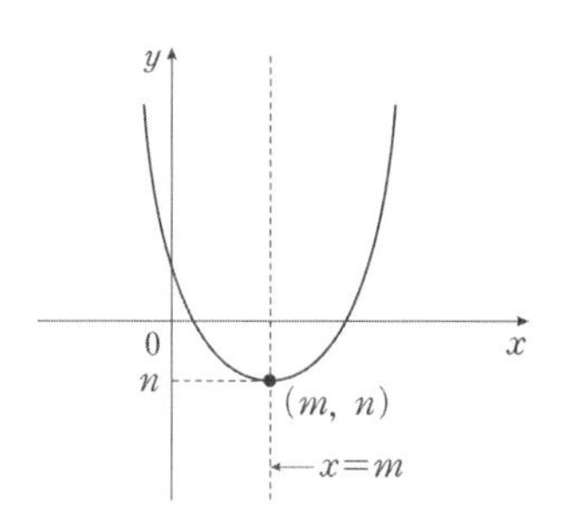

이와 마찬가지로, 포물선 그래프의 식을 구하는 경우에 꼭짓점이 (m, n)으로 주어졌다면, $y=ax^2+bx+c$라는 식보다 $y=a(x-m)^2+n$을 이용하는 것이 간편할 것이다. 그러나 그래프 위에 있는 세 점이 주어졌다면 $y=a(x-m)^2+n$보다 $y=ax^2+bx+c$를 이용하는 것이 편리할 것이다. 이와는 다르게 x축과의 교점이 주어졌다면 아예 이차함수의 식을 $y=a(x-\alpha)(x-\beta)$로 놓고 푸는 것이 좋을 것이다.

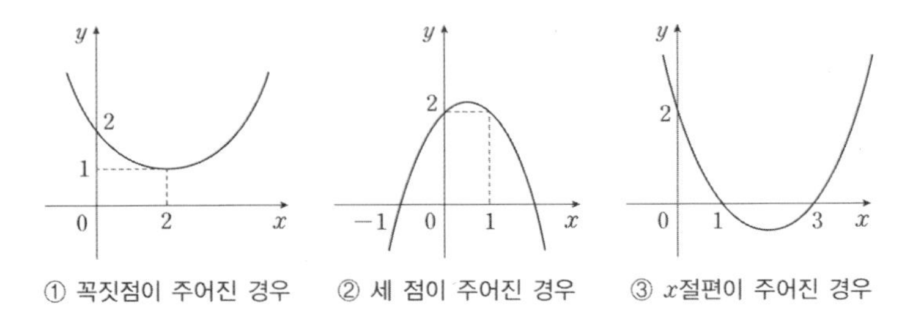

① 꼭짓점이 주어진 경우 ② 세 점이 주어진 경우 ③ x절편이 주어진 경우

① 꼭짓점이 $(2, 1)$이므로,

$y=a(x-m)^2+n$이라는 식을 이용하면

$y=a(x-2)^2+1$이다.

또 $(0, 2)$를 지나므로 $x=0$, $y=2$를 대입하면

$2=4a+1$이므로 $a=\frac{1}{4}$이다.

$\therefore\ y=\frac{1}{4}(x-2)^2+1$

② $(-1, 0)$, $(0, 2)$, $(1, 2)$를 지나므로

$y=ax^2+bx+c$에 차례대로 대입하면

$a-b+c=0$, $c=2$, $a+b+c=2$

연립방정식으로 풀면 $a=-1$, $b=1$, $c=2$

$\therefore y=-x^2+x+2$

③ $y=a(x-\alpha)(x-\beta)$인 이차함수식을 이용하면

$y=a(x-1)(x-3)$

또 $(0, 2)$를 지나므로 대입하면

$2=3a$이므로 $a=\frac{2}{3}$

$\therefore y=\frac{2}{3}(x-1)(x-3)$

지금까지 살펴보았듯이, 같은 이차함수식을 풀더라도 상황에 따라 식을 적절히 변형하고, 또 알맞게 변형된 식을 사용하면 훨씬 간편하게 원하는 결론에 도달할 수 있다.

수의 세계, 함수의 세계

함수의 연산

함수가 수 집합의 이름이 아니라는 것은 이미 알고 있을 것이다. 하지만 함수도 수처럼 연산을 정의할 수 있다는 사실도 아는지?

앞에서 우리는 함수의 의미를 이해할 수 있는 다양한 접근법을 살펴보았고, 함수를 나타내는 합리적인 방법도 알았다. 이제 함수 사이에 연산을 정의하자. 이름하여 '함수의 합성'.

f∘g 인가, g∘f 인가?

함수의 합성이란 정의역의 원소 x에 두 개 이상의 함수를 적용하는 것을 말한다. 다음의 두 함수를 살펴보자. 여기서 X, Y, Z는 실수의 부분집합이다.

$$f : X \rightarrow Y,\ f(x)=x+3$$

$g : Y \rightarrow Z,\ g(x) = x^2 - 2$

먼저 x에 f를 적용하면 함수값은 $f(x) = x+3$이 된다. 여기에 g를 또다시 적용하면 $g(f(x)) = g(x+3) = (x+3)^2 - 2 = x^2 + 6x + 7$이 된다. 이를 도식화하면 다음과 같다.

$$x \xrightarrow{f} x+3 \xrightarrow{g} (x+3)^2 - 2 = x^2 + 6x + 7$$

$$x \xrightarrow{*} x^2 + 6x + 7$$

이때 중간 단계인 $x+3$을 생략하고, x에서 바로 x^2+6x+7로 대응하는 함수 $*$를 생각해 볼 수 있는데, 바로 이 $*$가 f와 g를 합성한 함수이며, $g \circ f$로 나타낸다.

$g(f(x)) = *(x) = (g \circ f)(x)$

그런데 f를 먼저 적용하기 때문에 $g \circ f$가 아니라 $f \circ g$로 쓰는 것이 더 나을 것 같아 보인다. 그러나 천만의 말씀! 그렇게 써서는 안 된다. 그 이유는 현재 사용하고 있는 표기법 때문이다. 함수에 사용되는 독립변수 x가 함수 기호의 오른쪽에 놓이기 때문에 — $f(x)$처럼 — 먼저 적용되는 함수를 x 가까이에 놓으려는 것이다. 다시 말해, $(g \circ f)(x)$라고 써야 f를 먼저 대응하고 난 뒤 g를 적용해서 $g(f(x))$로 계산할 수 있다.

일반적으로 함수의 합성에서는 교환법칙이 성립하지 않는다. 따라서 어떤 함수를 먼저 쓰느냐가 굉장히 중요한 문제가 된다. 위의 예에서

$g \circ f \neq f \circ g$임을 살펴보자.

$$(g \circ f)(x) = g(f(x)) = g(x+3)$$
$$= (x+3)^2 - 2 = x^2 + 6x + 7$$
$$(f \circ g)(x) = f(g(x)) = f(x^2 - 2)$$
$$= (x^2 - 2) + 3 = x^2 + 1$$

$x^2 + 6x + 7 \neq x^2 + 1$이므로 $g \circ f \neq f \circ g$인 것을 쉽게 확인할 수 있다. 이처럼 함수의 합성에서는 교환법칙이 성립하지 않는다.

함수 합성의 역원 '역함수'

수의 세계에서 덧셈과 곱셈의 항등원과 역원이 존재하듯이 함수의 세계에서도 합성의 항등원과 역원이 존재한다.

a : 임의의 수

$a + 0 = 0 + a = a$ → 0 : 덧셈 항등원

$a \times 1 = 1 \times a = a$ → 1 : 곱셈 항등원

$a + x = x + a = 0 \quad \therefore x = -a$ → $-a$: a의 덧셈 역원

$a \times x = x \times a = 1 \ (a \neq 0) \quad \therefore x = \frac{1}{a} = a^{-1}$ → a^{-1} : a의 곱셈 역원

이러한 수학적 구조를 함수 합성으로 옮겨 보자. f가 함수일 때, f와 합성한 결과가 그대로 f가 되게 하는 항등원은 무엇일까? $I(x) = x$이다. 이 함수는 x의 함수값이 그대로 x인 함수로, '항등함수'라 한다.

$$(f \circ I)(x) = f(I(x)) = f(x)$$
$$(I \circ f)(x) = I(f(x)) = f(x)$$
$$\therefore f \circ I = I \circ f = f$$

즉, 항등함수 I는 함수 합성 '$\circ$'의 항등원이 된다. 이제 f의 '합성 역원' — 간단히 f의 '역함수'라고 함 — 을 찾아야 한다. f의 역함수는 f^{-1}로 나타내며, 역원의 정의에 따라 다음의 식을 만족한다.

$$f \circ f^{-1} = f^{-1} \circ f = I$$

f의 역함수 f^{-1}은 어떻게 구해야 할까? $-f$? $\frac{1}{f}$? 그 어느 것도 아니다. 실제로 f^{-1}을 찾으려면 함수 f가 일대일대응인가부터 먼저 살펴봐야 한다. '일대일대응'이란 f의 정의역인 X와 공역인 Y가 같은 개수의 원소를 갖고 있으며, X와 Y의 각 원소가 오로지 하나씩 대응되는 함수를 말한다. f의 역함수는 f의 대응 규칙을 거꾸로 적용하는 함수이다. 쉽게 이야기하면 함수가 적용되는 방향을 바꾸면 된다. 예를 들어 다음과 같이 생각하면 된다.

$f : x \to x+2$이면 $f^{-1} : x \to x-2$

$f : x \to 3x$이면 $f^{-1} : x \to \frac{x}{3}$

$f : x \to x^2 (x \geq 0)$이면 $f^{-1} : x \to \sqrt{x}$

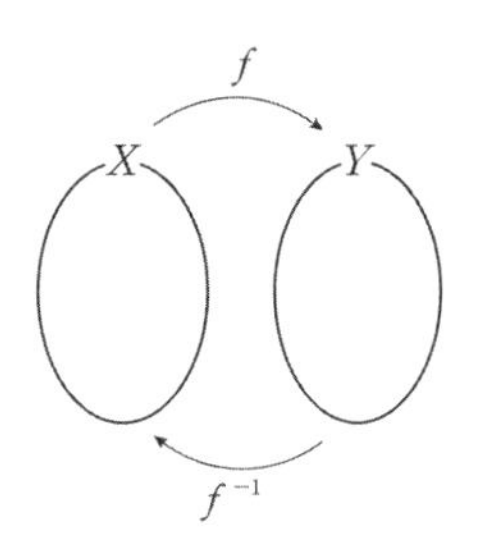

따라서 f^{-1}의 정의역과 공역은 f의 경우와 반대가 되며, f가 일대일 대응이 되어야 f^{-1}의 정의역인 Y의 각 원소가 빠짐없이 공역인 X에 대응될 수 있어서 함수의 자격을 갖추게 된다.

함수의 사칙연산

함수는 종속적으로 변하는 변수를 다루든지, 아니면 독립적인 두 변수 사이에 관계를 맺든지 간에 실제적인 것을 다루긴 하지만, 함수 자체는 개념이다. 따라서 '함수 f와 함수 g를 더한다'는 뜻인 '$f+g$'는 상당히 관념적이고 철학적인 문제라고 할 수 있다.

관계 f와 관계 g를 더한다? 도대체 관계를 더한다는 것은 어떤 의미일까? 수학자들은 두 개념 f와 g를 더해서 독립변수 x를 대입하는 연산 $(f+g)(x)$를 'f에 x를 대입한 결과인 $f(x)$'라는 숫자와 'g에 x를 대입한 결과인 $g(x)$'라는 숫자의 합으로 정의했다. 어떻게 보면 당연하다고 여길 수 있지만, 개념의 합인 $f+g$를 숫자의 합인 $f(x)+g(x)$로 정의했다는 것은 고차원적인 사고의 전이(轉移)이다. $(f-g)(x)$를 $f(x)-g(x)$로, $(f\times g)(x)$를 $f(x)\times g(x)$로, 그리고 $\left(\frac{f}{g}\right)(x)$를 $\frac{f(x)}{g(x)}$로 정의한 것 또한 같은 방법을 통해서이다.

그런데 수학자들이 처음에 생각한 식은 아마도 $(f+g)(x)$라기보다는 $f(x)+g(x)$였을 것이다. 즉, 처음부터 함수라는 개념의 합을 생각한 것이 아니라, 함수값인 수의 합을 생각하다가 이것을 함수라는 개념의 합으로 비약해 정의하게 되었을 터이다. 이렇듯 수학은 같은 조작을 다른 대상에 적용함으로써 확장되고 발전했다.

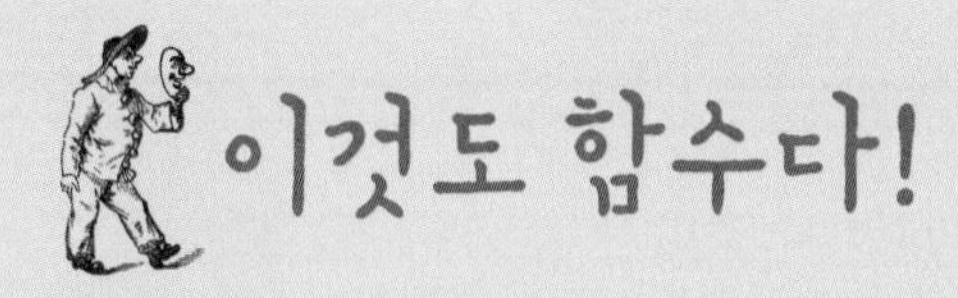

■ 수열

수열이란 어떤 일정한 규칙에 따라 차례로 얻어지는 수를 나열한 것이다. 예를 들어 1, 3, 5, 7, ……, $2n-1$, ……처럼. 이와 같은 수열은 그냥 수의 나열로 보이지만, 자연수의 집합 N에서 실수의 집합 R로 대응되는 함수로 생각할 수 있다. 이 수열은 아래와 같이 표현할 수 있다.

$$f: N \rightarrow R, \quad f(n) = 2n-1$$

즉, 제1항을 1, 제2항을 3, 제3항을 5, ……, 제 n항을 $2n-1$이라고 보면 된다.

■ 확률

사건 a가 일어날 확률이란 $\dfrac{a\text{에 속하는 근원 사건의 개수}}{\text{근원 사건의 총 개수}}$로, 이것은 항상 0에서 1까지의 값을 갖는다. 따라서 확률은 어떤 사건에서 0부터 1까지 실수의 집합으로 가는 함수라 생각할 수 있다. 즉, 사건들의 집합을 A라 하면, 확률은 $f: A \rightarrow \{x | 0 \leqq x \leqq 1\text{인 실수}\}$, $f(a) = (\text{사건 } a\text{가 일어날 확률})$로 나타낼 수 있다.

예를 들어 윷놀이를 할 때 일어나는 각 사건에 대한 확률은 다음과 같이 나타낼 수 있다. 단, 윷의 앞뒤가 나올 확률을 똑같이 $\frac{1}{2}$로 본다.

$$f(\text{도}) = \frac{4}{16} = \frac{1}{4}, \quad f(\text{개}) = \frac{6}{16} = \frac{3}{8},$$

$$f(\text{걸}) = \frac{4}{16} = \frac{1}{4}, \quad f(\text{윷}) = \frac{1}{16}, \quad f(\text{모}) = \frac{1}{16}$$

4. 기하 이야기

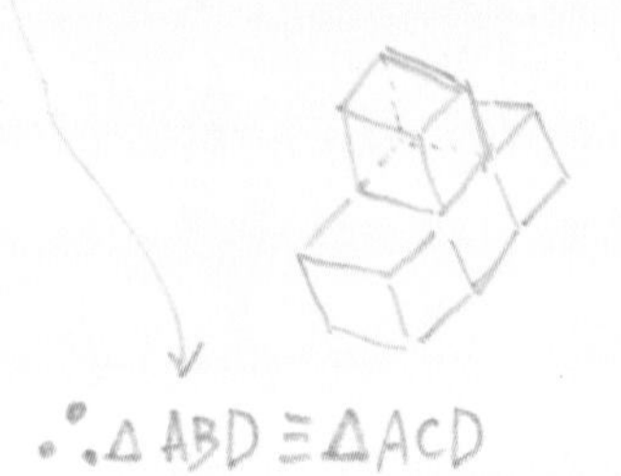

$\therefore \triangle ABD \equiv \triangle ACD$

- 두뇌의 유연성을 기른다
- 둥근 것을 좋아한 아르키메데스
- 백문이 불여일견
- 원뿔을 자르자
- 좌표를 이용하라
- 어디를 보아도 똑같은 모양
- 마음대로 늘이거나 줄인다
- 모든 평행선은 만난다?
- 빛과 스크린으로 설명한다

두뇌의
유연성을 기른다

도형 분할

먼 미래의 어느 날, 지구의 평화를 위해 동분서주하는 코난과 포비! 자연과 벗하며 사냥을 즐기던 포비는 조그마한 정사각형 가죽을 세 장 얻었다. 윤기 나고 부드러워 참 좋긴 한데 크기가 너무 작다! 이걸 어쩐다? 고민하던 포비는 세 장의 가죽을 되도록 덜 자르면서 한 장의 커다란 정사각형 가죽으로 이어 붙이기로 했다. 어떻게 잘라야 할까?

잘라 붙여 크게

위와 같은 도형 분할 문제는 옛날부터 많은 사람들의 흥미를 끌었다. 그리스인들이 이러한 문제에 관심을 갖고 몇 가지 해답을 찾아내기도 했는데, 정작 체계적으로 논한 사람은 10세기 바그다드에 살던 이슬람 천문학자 아부 알와파(940 ~ 998)였다고 한다.

아부 알와파는 위 문제를 다음과 같이 풀었다. 먼저, 세 장의 정사각형 중 하나는 그대로 두고 나머지 두 장을 대각선으로 자른다. 그리고 이 조각들을 아래 그림처럼 배치한다. 그런 뒤 색깔로 표시된 네 부분을 잘라 적절히 끼워 맞추면 세 장의 정사각형 가죽이 한 장의 커다란 정사각형 가죽이 된다.

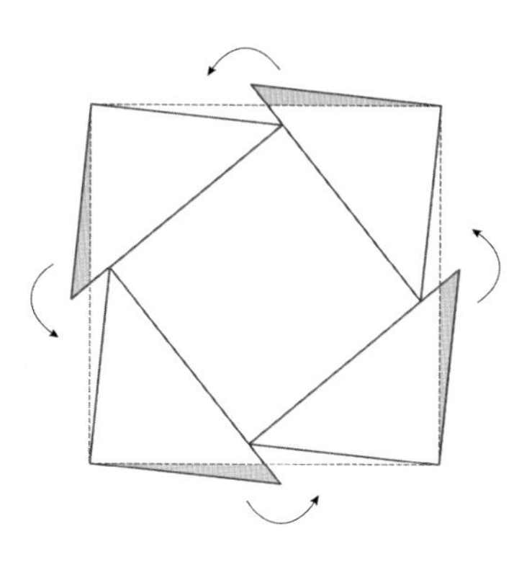

20세기 들어 기하학자들은 어떻게 하면 주어진 도형을 가장 적은 수의 조각으로 잘라 다른 형태의 도형을 만들 수 있을까에 골몰했다. 아부 알와파는 세 개의 정사각형으로 한 개의 정사각형을 만드는 데 아홉 조각을 냈다. 이보다 적게 조각내어 정사각형을 만드는 방법은 없을까? 이 문제를 해결한 사람은 영국의 퍼즐 연구가 헨리 어니스트 듀드니였다. 그는 세 개의 정사각형으로 한 개의 정사각형을 만드는 데 여섯 조각밖에 안 냈다. 이 기록은 아직까지 깨지지 않고 있다.

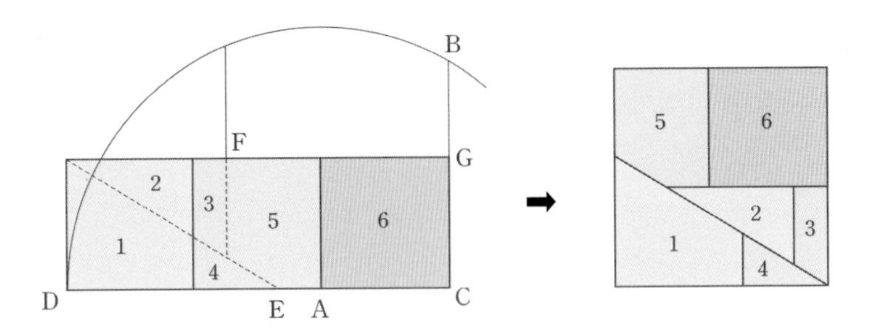

도형 분할 문제는 일반 해법이 존재하지 않기 때문에 직관과 창조적인 통찰력을 발휘해 풀어야 한다. 그리고 이 문제를 해결하는 데에는 전문적인 기하학 지식이 그다지 필요하지 않아서 누구나 도전해 볼 만하다.

같은 모양으로 작게

어떤 도형을 주고 그것을 정해진 개수의 똑같은 도형으로 나누는 문제는 도형 분할 문제의 대표적인 유형으로, 아주 흥미롭다.

이제 두뇌의 유연성과 기하에 대한 친밀감을 기르는 데 도움이 되는 도형 분할 문제들을 풀어 보자. 반드시 스스로 풀어 보기 바란다. 그래야 발견의 기쁨을 누릴 수 있다. 여기서 줄 수 있는 힌트 한 가지는 획일적인 사고로는 이러한 문제를 해결하기 어렵다는 것! 수평적인 사고와 더불어 수직적인 사고가 필요함을 잊지 말자.

① 정사각형 모퉁이에서 정사각형 모양으로 $\frac{1}{4}$만큼을 잘라 냈다. 이것을 합동인(크기와 모양이 같은) 네 조각으로 나누라.

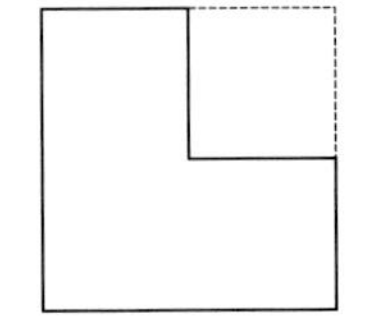

② 정삼각형 모퉁이에서 정삼각형 모양으로 $\frac{1}{4}$만큼을 잘라 냈다. 이것을 합동인 네 조각으로 나누라.

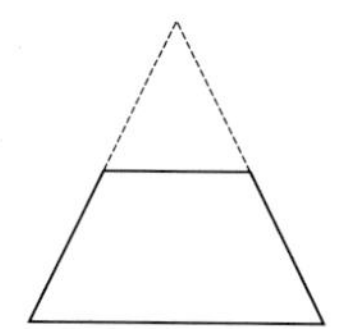

③ 직사각형이 있다. 이것을 합동인 다섯 조각으로 나누라.

④ 지그재그로 물결치는 듯한 도형이 있다. 이것을 합동인 세 조각으로 나누라.

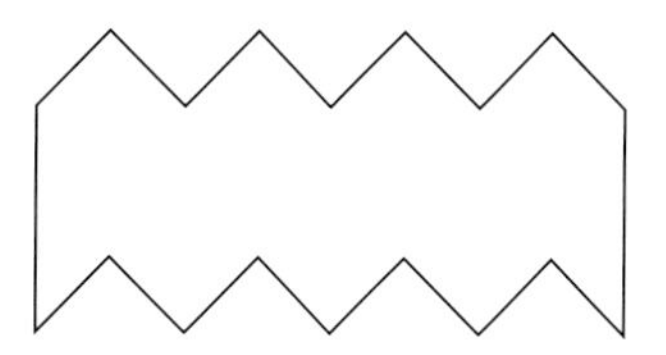

● 해답은 181쪽에

둥근 것을 좋아한 아르키메데스

원과 구 이야기

중학생이 되면 새로운 숫자 π를 배우게 된다. 그 모양이 낯설어서인지 어린 학생들은 교무실에 와 종종 묻는다.

"선생님, 이번 중간고사 주관식 1번 문제 답이 712π잖아요. 그런데 π를 안 쓰면 틀려요?"

이런 질문을 받을 때면 늘 귓전을 때리는 대수학자의 목소리가 있으니, 그가 바로 아르키메데스이다. 지하에 계신 아르키메데스, 오늘도 한 말씀!

"그대, 어린 학생이여! π가 얼마나 큰 수인지 아직도 모르느뇨? π는 3보다도 훨씬 큰, 무려 약 3.14나 되는 큰 수로다!"

π를 계산하다

얼마 전 미국의 한 컴퓨터 회사는 자신들이 만든 컴퓨터를 선전하려고 신문광고를 냈다. 그 이미지는 김이 모락모락 피어오르는 목욕탕에서 아르키메데스가 자사의 컴퓨터 키보드를 두드리는 장면이었다. 여러분도 알다시피 아르키메데스는 목욕탕에서 목욕을 하다가 '부력의 원리'를 발견하고, 매우 기쁜 나머지 "유레카!" 하고 외치며 알몸으로 거리를 뛰어다닌 일화로 유명하다.

아르키메데스가 전 생애를 바쳐 연구한 것은 원과 구의 성질이다. 아마도 아르키메데스는 둥근 도형을 좋아했던 것 같다. 그는 수학 역사상 처음으로 원주율(원의 지름에 대한 둘레의 비율. 어떤 원에서도 일정함)의 값을 소수점 이하 두 자리까지 정확하게 얻어 낸 사람이다. 그는 어떻게 원주율을 계산해 냈을까?

아르키메데스의 최후 시라쿠사가 로마에 함락되자 로마 대군에 맞설 신형 무기를 만들어 낸 아르키메데스는 끝내 로마군에게 죽임을 당했다(사진은 로마의 모자이크 기록).

먼저 원에 내접하는 정6각형과 외접하는 정6각형을 그려 보자. 그러면 이 원의 원주 길이는 이것에 내접하는 정6각형의 둘레보다는 길고, 이것에 외접하는 정6각형의 둘레보다는 짧다.

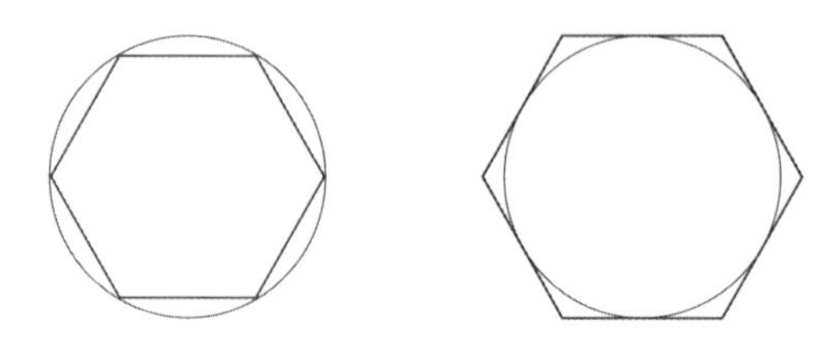

이러한 생각을 정12각형, 정24각형, 정48각형, ……, 정96각형으로 발전시키면 원의 둘레 $2\pi r$은 다음과 같이 된다.

$$(\text{내접하는 정96각형의 둘레}) < 2\pi r < (\text{외접하는 정96각형의 둘레})$$

아르키메데스는 이를 계산해 내어 $3\frac{10}{71} < \pi < 3\frac{1}{7}$임을 밝혔다. 이를 소수로 고쳐 보면 $3.14084 < \pi < 3.142858$이며, 이렇게 해서 사람들은 π를 3.14로 여기게 되었다.

원의 면적과 구의 부피

이제 관심을 원의 둘레에서 원의 면적으로 조금만 옮겨 보자. 원의 면적 또한 앞의 그림에 있는 내접다각형의 면적보다 크고 외접다각형의 면적보다는 작을 것이다. 이때 원에 내접하는(외접하는) 다각형의 변의 수를 늘려 갈수록 이 다각형의 넓이는 원의 넓이와 거의 같아진다. 아르키메데스는 이와 같은 생각으로 원의 면적 S가 πr^2임을 증명해 냈다.

그럼 이러한 방법을 입체에도 적용해 보자. 구의 부피도 이와 같은 방법으로 구할 수 있지 않을까? 여러분이 구의 부피를 한번 구해 보라. 열심히 머리를 굴릴 여러분을 아르키메데스가 본다면 아마도 이렇게 외쳤을 것이다.

"젊은 학도여, 구를 과감히 잘게 쪼개라!"

아르키메데스는 구를 원기둥으로 무수히 잘게 쪼개는 방법으로 구의 부피를 구했다. 먼저, 반구를 아래 두 그림처럼 쪼개 본다.

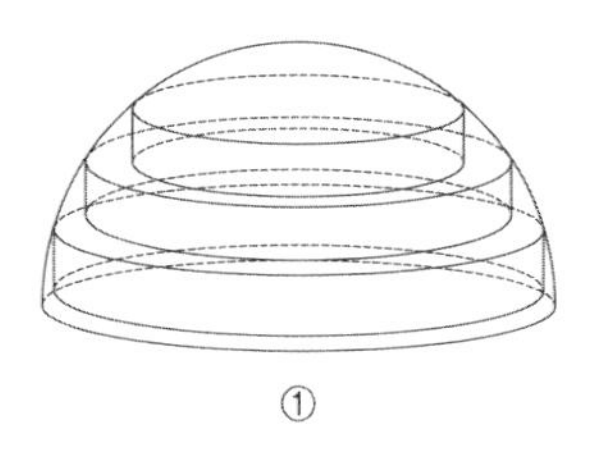

①

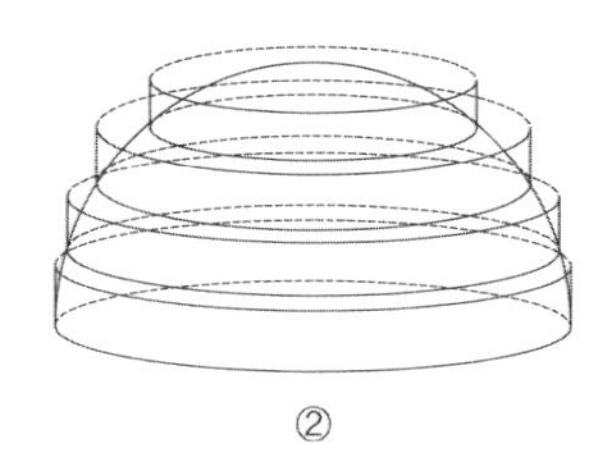

②

반구의 부피는 그림 ①처럼 쪼개진 원기둥의 부피를 합한 것보다는 크고, 그림 ②처럼 쪼개진 원기둥의 부피를 합한 것보다는 작을 것이다. 여기서 등분하는 수를 무한히 크게 하면 그림 ①에서 보이는 원기둥 부피의 합과 그림 ②에서 보이는 원기둥 부피의 합이 모두 반구의 부피에 가까워지므로, 이로써 반구의 부피를 얻을 수 있다. 이렇게 해서 구한 값이 $\frac{2}{3}\pi r^3$이다. 구의 부피는 이 값을 두 배 한 것이니, 결국 구의 부피는 $\frac{4}{3}\pi r^3$인 셈이다.

지금까지 정n각형의 변을 무수히 늘려 원과 같아지게 함으로써 원주

율과 원의 면적을 구하고, 구를 원기둥으로 잘게 쪼개어 그 부피의 합으로 구의 부피를 구하는 것을 살펴보았다. 아르키메데스가 생각해 낸 이와 같은 방법은 뒷날 더 발전해 근대 수학의 기초인 적분의 바탕을 이루게 되었다.

백문이 불여일견

그림을 이용한 증명

이따금 어떤 대상에 대해 온갖 설명을 듣는 것보다 한번 실제로 보는 것이 훨씬 더 나을 때가 있다. 수학에서도 마찬가지이다. 예를 들어 "이등변삼각형의 두 밑각은 같다."라는 명제를 증명해 보자.

① 먼저 $\overline{AB}=\overline{AC}$인 이등변삼각형 ABC를 그린다.

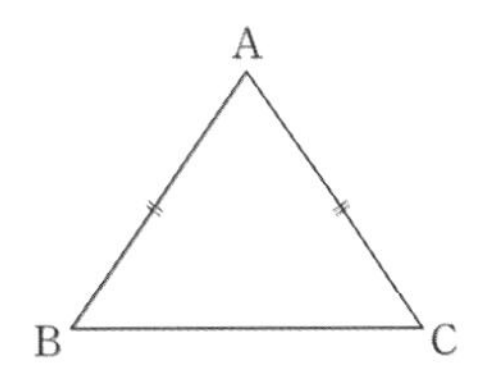

② 각 A의 이등분선을 그어서 밑변 $\overline{BC}$와 만나는 점을 D라 하자.

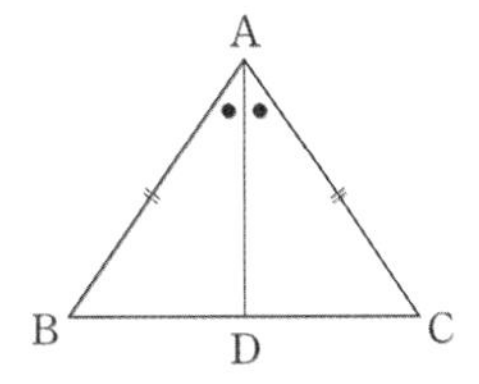

③ 그러면 $\overline{AB}=\overline{AC}$(가정에서), $\angle BAD=\angle CAD$ (②에서)이고 $\overline{AD}$는 공통변이므로 두 변의 길이와 사이각의 크기가 같다(SAS 합동).

$\therefore \triangle ABD \equiv \triangle ACD$

④ $\triangle ABD$와 $\triangle ACD$의 대응각의 크기도 같다.

$\therefore \angle B=\angle C$

위 증명은 단계별로 그림이 있어서 이해가 잘된다. 그렇다면 예로 든 명제를 그림 없이 추상적인 말과 기호로만 증명했다면 어땠을까? 아마도 이해는커녕 그나마 남아 있던 수학에 대한 정(?)마저 뚝 떨어질 것이다.

잘 쓰면 약, 못 쓰면 독이 되는 그림

명제를 증명할 때 그림을 사용하면 아주 편리하다. 먼저, 조건에 맞는 그림을 그려 놓으면 상황이 쉽게 파악된다. 어느 변과 어느 변이 같고, 어느 각이 더 크며, 어떤 쪽의 넓이가 더 넓은지를 단번에 알 수 있다는 말이다. 또 이렇게 그려진 그림을 보면 어디에 보조선을 그어 어떤 방법으로 증명해야 할지에 대해 감을 잡을 수 있다.

이처럼 도움이 되는 그림도 정확하게 이용하지 않으면 낭패를 보게 한다. “모든 삼각형은 이등변삼각형이다.”라는 명제를 아래와 같이 증명한 것을 보고 어디가 잘못되었는지 살펴보기로 하자.

① $\angle A$의 이등분선과 $\overline{BC}$의 수직이등분선과의 교점을 E라고 한다.

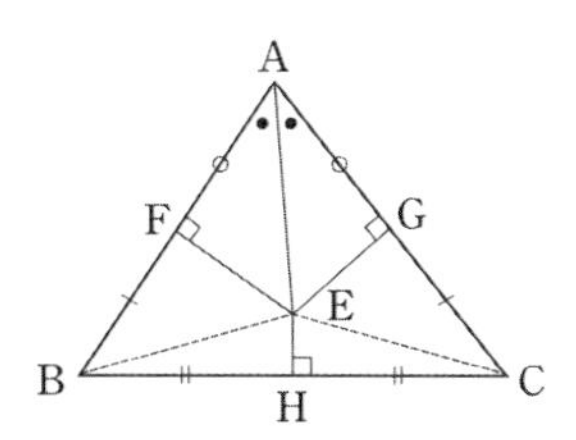

② E에서 $\overline{AB}$, $\overline{AC}$에 수선을 내려 그 발을 각각 F, G라고 한다.

③ $\triangle AEF \equiv \triangle AEG$

$\angle AFE = \angle AGE = 90^\circ$

$\overline{AE}$는 공통변

$\angle FAE = \angle GAE$ (①에서)

$\therefore$ RHA합동

$\therefore \overline{AF} = \overline{AG}$ …… a

④ $\triangle BHE \equiv \triangle CHE$

$\angle BHE = \angle CHE = 90^\circ$

$\overline{BH} = \overline{CH}$ (①에서)

$\overline{EH}$는 공통변

$\therefore$ SAS합동

$\therefore \overline{BE} = \overline{CE}$ …… b

⑤ $\triangle BFE \equiv \triangle CGE$

$\angle BFE = \angle CGE = 90^\circ$

$\overline{BE} = \overline{CE}$ (b에서)

$\overline{FE} = \overline{GE}$ (③에서)

$\therefore$ RHS합동

$\therefore \overline{BF} = \overline{CG}$ …… c

⑥ a, c에서 $\overline{AB}=\overline{AF}+\overline{FB}=\overline{AG}+\overline{GC}=\overline{AC}$

$\therefore$ $\triangle ABC$는 이등변삼각형

잘못된 부분을 찾았는가? 실제로 그림을 정확하게 그려 보라. 그러면 $\angle A$의 이등분선과 BC의 수직이등분선이 만나는 점이 삼각형의 내부가 아니라 외부에 생겨난다는 사실을 알 수 있을 것이다. 위 증명에서는 그림을 정확하게 그리지 않아 교점이 내부에 생겨났고, 그로 인해 잘못된 결론에 도달한 것이다. 그림을 이용한 증명에서는 이러한 경우를 꼭 유의해야 한다.

원뿔을 자르자

타원, 포물선, 쌍곡선

제비 꼬리처럼 뒷머리를 드리운 매력적인 특수요원 맥가이버. 며칠 전 스파이 사건을 해결한 뒤 모처럼 여유를 즐기고 있는데, 손튼 국장이 급하게 호출했다. 허둥지둥 정보국에 들어간 맥가이버에게 손튼 국장은 특명을 내렸다. '무기 밀매 거래자 일망타진'. 모든 사건에서 민첩성과 기지를 발휘해 온 맥가이버는 무기 밀매 거래자들이 있는 곳을 곧 알아내 미행하기 시작했다.

어느 허름한 술집 앞. 낯선 사람과 접선한 악당들은 재빨리 그 술집 안으로 사라졌다. 서둘러 따라 들어간 맥가이버의 눈에 머리를 맞대고 작은 소리로 소곤거리는 그들의 모습이 보였다. 틀림없이 무기 밀매에 대한 음모를 꾸미고 있을 텐데, 가까이 다가가자니 그들이 눈치챌 것 같고 먼 데서 바라보자니 속이 타고……. 자, 맥가이버! 머리를 써라, 머리를!! 술집의 내부 구조를 살펴보던 맥가이버는 그곳이 타원형임을 알아채고 무류을 탁 쳤다. 타원형, 타원형이라……. 마침 그들은 타원의 한 초점 위치에 앉아 있었다. 증거 확보는 이제 시간문제인 셈이다.

타원

타원이란 '초점'이라고 불리는 두 개의 정점 F와 F′로부터 이르는 곳까지 거리의 합이 일정한 점들의 집합이다. 그래서 타원을 쉽게 그리려면 정의를 이용해 초점 F와 F′에 핀을 꽂고 실을 고리로 만들어 핀에 건 다음, 연필 끝으로 팽팽히 당기면서 회전시키면 된다. 이렇게 하면 고정된 실의 길이에 의해 PF와 PF′의 길이를 더한 것은 일정하게 된다.

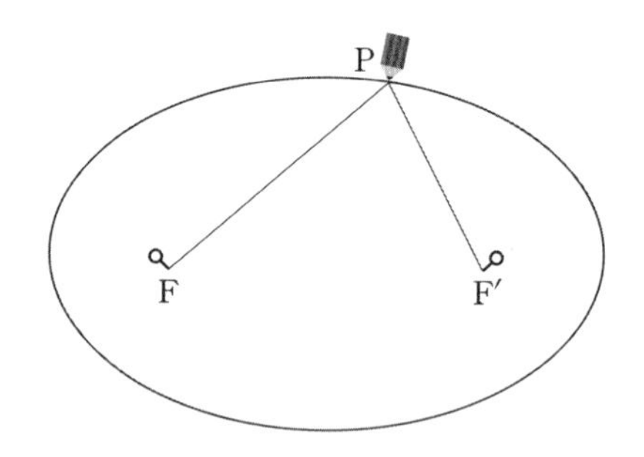

그뿐 아니라 타원 위의 한 점 P에서 접선을 그어 보면 $\angle FPT = \angle F'PT'$임을 증명할 수 있다.

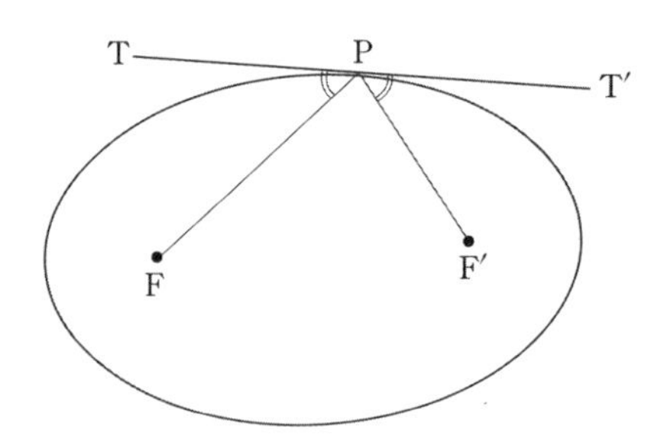

이제 안쪽이 거울로 되어 있는 타원을 생각해 보자. 그리고 한 초점 F에 빛을 내는 광원을 둔다고 가정하자. 그러면 타원 안쪽의 거울에 부딪쳐서 반사된 빛은 모두 초점 F′를 통과하게 된다. 빛은 입사각과 같은 반사각을 갖기 때문이다.

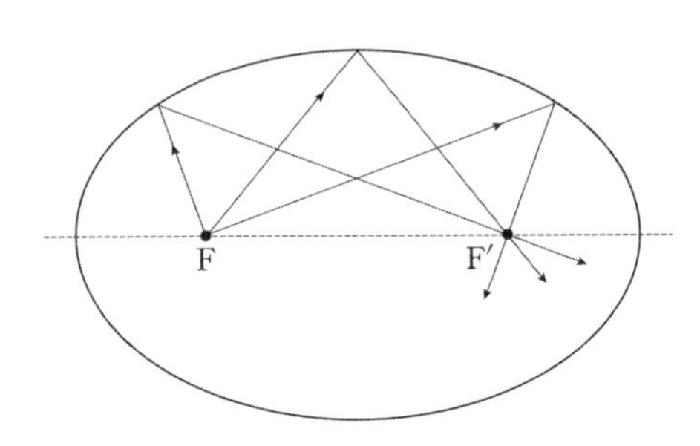

소리도 빛이나 열과 마찬가지로 반사법칙을 따른다는 것을 알고 있는 맥가이버. 그는 악당들이 앉은 테이블이 타원형 술집의 한 초점에 위치해 있음을 알아차렸기 때문에 나머지 초점에 해당하는 위치의 테이블로 옮겨 갔다. 그랬더니 타원의 성질에 따라 악당들이 나누는 비밀스런 이야기가 손에 잡힐 듯이 들리는 게 아닌가! 이리하여 악당들은 계획을 실행하기도 전에 모두 붙잡혔다. 맥가이버는 수학 원리를 순발력 있게 응용해 이번 임무를 훌륭하게 수행해 냈다.

포물선과 쌍곡선

위성방송을 수신할 때 쓰는 파라볼라안테나. 이 안테나는 어떻게 전파를 모을까?

파라볼라(parabola)는 '포물선'이라는 뜻이다. 포물선이란 고정된 초점 F와 F를 지나지 않는 정직선 g가 존재해 F와 g에 이르는 거리가 항상 같은 점들의 집합을 말한다.

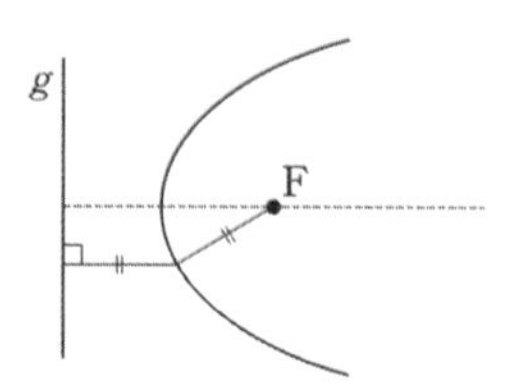

이때 포물선 위의 점 P에서 접선을 그으면, $\angle FPT = \angle F'PT'$가 된다.

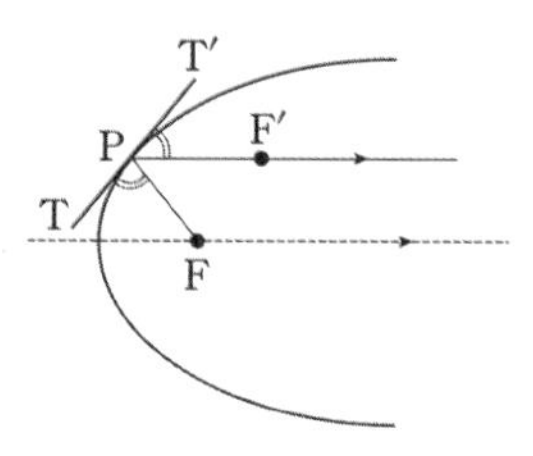

이제 포물선 모양의 거울로 된 안테나를 생각해 보자. 포물선 밖에서 쏜 광선은 거울에 반사되어 모두 초점 F를 지나게 된다. 그래서 전파도 안테나의 안쪽 벽에 부딪치면 초점 F로 모인다. 이렇게 모인 전파를 통해 생생한 화질과 음질의 방송을 즐길 수 있게 된다.

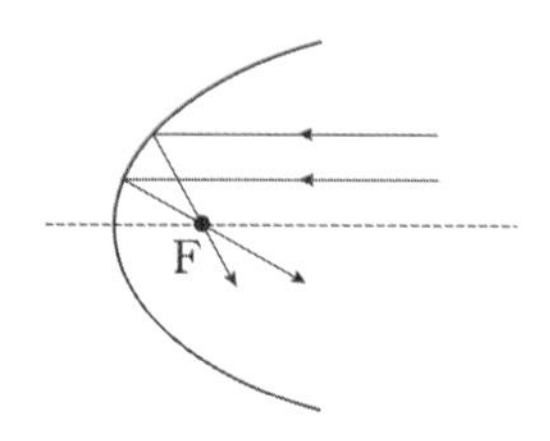

야외 공연장의 배경 벽이 포물선 모양으로 휘어 있거나, 우리가 소리를 잘 들으려고 손을 둥그렇게 구부려 귀에 대는 것은 위와 같은 원리 때문이다.

앞에서 살펴본 타원과는 달리, 두 초점 F와 F′에서 이르는 곳까지 거리의 차가 일정한 점들의 집합을 쌍곡선이라고 한다. 쌍곡선의 경우, 한쪽 초점에서 빛을 발사하면 그 빛은 마치 다른 한 초점에서 쏘는 것처럼 쌍곡선 모양의 거울에 반사되어 퍼져 나간다.

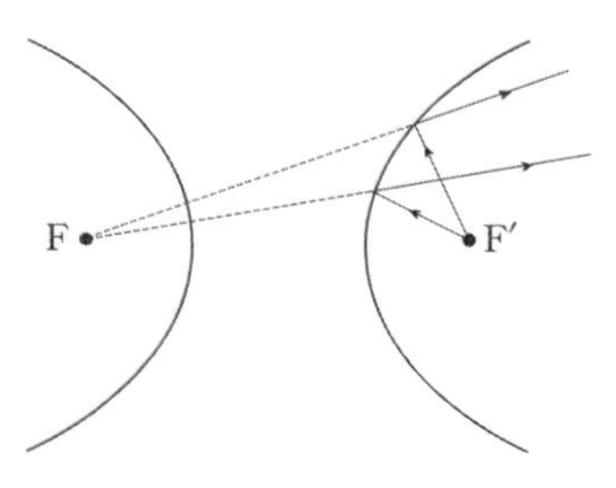

지금까지 살펴본 타원, 포물선, 쌍곡선은 원뿔을 여러 각도로 자르면 얻을 수 있는 곡선이므로 원뿔곡선이라고 한다.

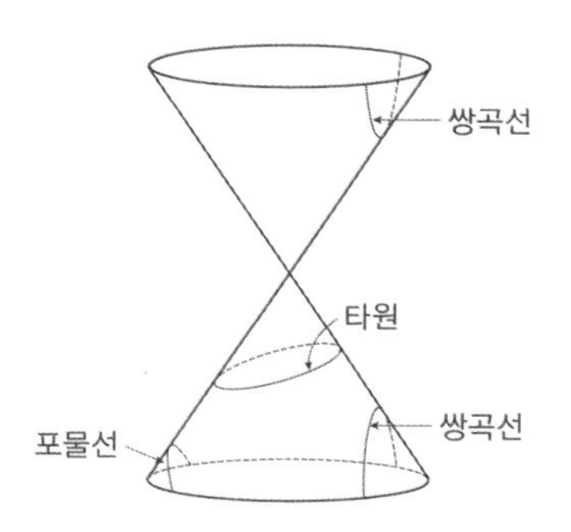

좌표를 이용하라

해석기하의 출현

경석이와 윤석이 형제는 돌아가신 할아버지의 유품에서 낡은 문서를 하나 발견했다. 전문가에게 해독을 맡겨 보니, 그 문서는 보물이 숨겨져 있는 장소를 설명한다고 했다.

"우리나라 남쪽 ○○섬으로 가라. 그 섬 북쪽의 넓은 초원에는 오래된 소나무와 당산나무가 한 그루씩 있을 것이다. 소나무와 당산나무 사이에 서면 앞쪽으로 천하대장군이 보인다. 그러면 곧바로 천하대장군 쪽으로 가라. 천하대장군이 있는 곳에서 발걸음 수를 세며 당산나무 쪽으로 가라. 당산나무에 이르면 오른쪽으로 90° 회전해 걸어온 만큼 가서 말뚝을 박으라. 다시 천하대장군 쪽으로 가서 소나무를 향해 발걸음 수를 세며 똑바로 걸으라. 소나무에 도착하면 이번에는 왼쪽으로 90° 회전해 걸어온 만큼 가서 또 말뚝을 박으라. 그런 뒤 처음 박은 말뚝과 나중에 박은 말뚝의 중간 지점을 파면 보물을 얻을 것이다."

경석이와 윤석이는 문서 내용에 놀라워하며 서둘러 ○○섬으로 출발했다. 섬에 도착하여 소나무와 당산나무는 쉽게 찾았는데, 천하대장군은 그새 사라져 자취조차 찾아볼 수 없었다. 둘은 이제 어떻게 해야 할까? 어마어마한 보물을 포기할 것인가, 아니면 초원 전체를 마구 파헤칠 것인가? 그것도 아니면……?

해석기하

경석이와 윤석이가 수학 원리를 두루 잘 알고 있다면 보물을 쉽게 찾을 수 있을 것이다. 바로 데카르트가 만들어 낸 '좌표'를 이용하면 된다. 먼저, 당산나무와 소나무를 연결한 직선을 x축으로 하고 그 중점을 지나는 수직선을 y축으로 하자. 그리고 당산나무(A)와 소나무(B)의 좌표를 각각 $(-1, 0)$, $(1, 0)$이라 하자.

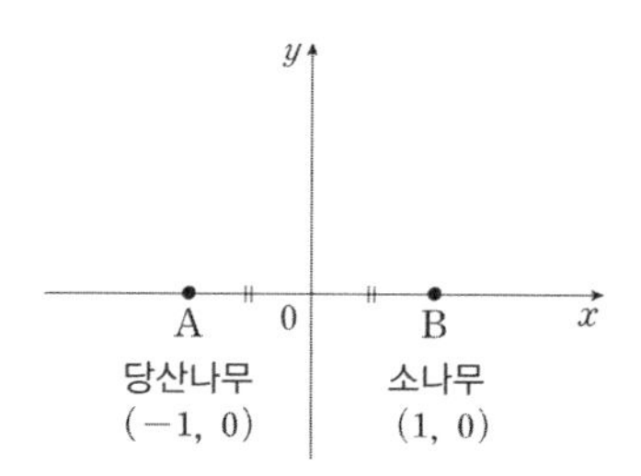

좌표평면 위에 천하대장군의 위치를 임의로 잡아 $C(a, b)$로 놓고, C에서 당산나무를 향해 걸은 뒤 오른쪽으로 90° 회전해 같은 거리만큼 움직인 점을 A′, C에서 소나무를 향해 걸은 뒤 왼쪽으로 90° 회전해 같은 거리만큼 움직인 점을 B′라고 하자.

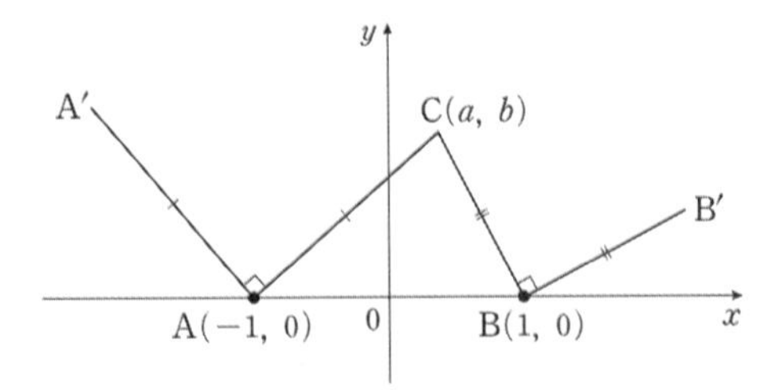

C에서 x축에 내린 수선의 발을 H, A′와 B′에서 x축에 내린 수선의 발을 각각 D, E라 하면, $\triangle A'DA \equiv \triangle AHC$이므로 A′의 좌표는 $(-1-b,\ 1+a)$이고, $\triangle CHB \equiv \triangle BEB'$이므로 B′의 좌표는 $(1+b,\ 1-a)$이다.

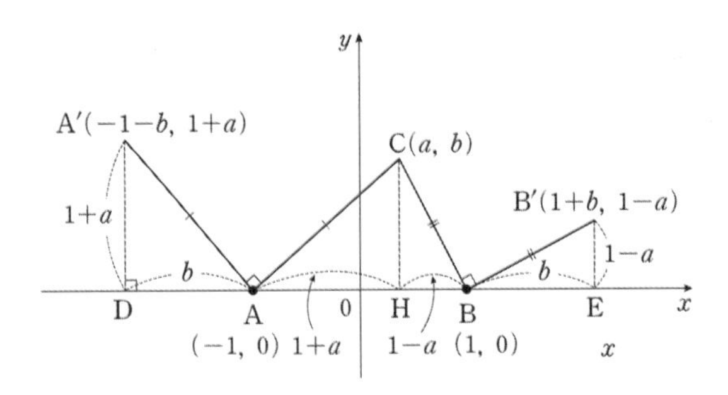

마지막으로 A′와 B′의 중점을 찾는다.

A′$(-1-b,\ 1+a)$, B′$(1+b,\ 1-a)$이므로

x좌표$=\dfrac{(-1-b)+(1+b)}{2}=0$

y좌표$=\dfrac{(1+a)+(1-a)}{2}=1$

$\therefore$ 중점의 좌표는 $(0, 1)$

즉, 보물이 숨겨져 있는 곳은 천하대장군의 위치인 $C(a, b)$와 상관없이 y축의 1이 되는 지점(아래 그림의 × 표시 위치)임을 알 수 있다.

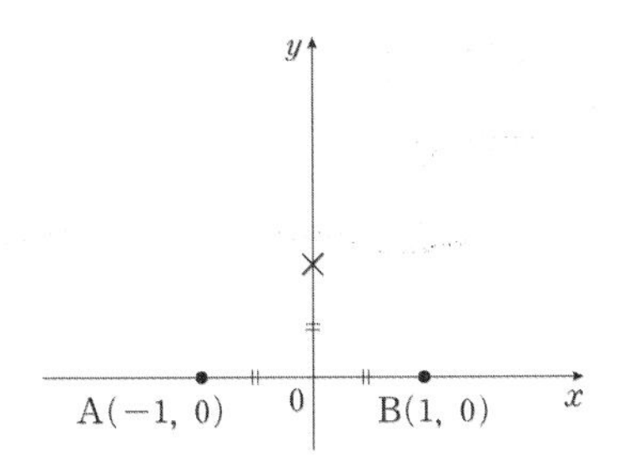

이와 같이 좌표를 이용해 도형의 성질을 다루는 기하를 '해석기하'라고 부르며, 고등학교에서 배우는 대부분의 기하가 바로 해석기하이다.

해석기하의 도입

어떤 학생은 고등학교에서 더 이상 기하를 배우지 않는다고 즐거워한다. 고등학교 수학책을 아무리 살펴봐도 중학교 때처럼 각이 같다거나 보조선을 그린다거나 합동이라거나 하는 표현은 눈에 띄지 않기 때문이다. 그렇다면 중학교를 마지막으로 더 이상 기하를 배우지 않는 걸까?

결론부터 말하자면, 고등학교에서도 기하를 배운다. 단지 중학교 때와는 다른 도구를 이용하기 때문에 기하를 배우고 있다는 생각이 들지 않을 뿐이다. 그림을 그림 자체로 보는 게 아니라 방정식의 해집합으로 보므로 도형을 다루면서도 방정식이나 함수처럼 인식하게 되는 것이다. 이는 좌표를 이용해 대수적으로 기하를 다루기 때문이다.

예를 들어 '원'을 정의해 보자. 기존의 기하에서는 원을 '평면에서 주어진 정점에서 거리가 일정한 점들의 모임'이라고 정의한다. 해석기하에서는 그 정의를 그대로 가져오되, 좌표 개념을 써서 '(a, b)가 한 정점일 때 $(x-a)^2+(y-b)^2=r^2$의 해집합'이라고 정의한다. '직선'도 기존의 기하에서는 '폭은 없고 길이만 존재하는 도형'으로 정의하는데, 해석기하에서는 '$ax+by+c=0$($a\neq0$ 또는 $b\neq0$이고 a, b, c는 상수)의 해집합'으로 정의한다.

평면도형을 정의하는 데 이용된 좌표의 개념으로 공간도형도 자유롭게 나타낼 수 있다. 공간을 가로지르는 직선도 대수적인 식으로 표현할 수 있으며, 막연히 '평면'이라고 이야기하던 것도 '$ax+by+cz+d=0$($a\neq0$ 또는 $b\neq0$ 또는 $c\neq0$이고 a, b, c, d는 상수)의 해집합'이라고 말할 수 있다. 특히 $x=k$, $y=k$, $z=k$ 꼴의 평면은 각 축에 수직인 가장 간단한 모양의 평면이 된다. 여기서 재미있는 사실은 '$x=k$'라는 식이 나타내는 바가 평면일 때랑 공간일 때랑 다르다는 것이다. 즉, 평면(2차원)에서는 x축에 수직인 직선(1차원)을 나타내지만, 공간(3차원)에서는 x축에 수직인 평면(2차원)을 나타낸다. 이렇게 되면 '$x=k$'라는 식은 4차원에서는 x축에 수직인 3차원 공간을 나타낼 것이고, 일반적으로 n차원에서는 $(n-1)$차원인 공간을 나타낼 것이라고 추측할 수 있다(차원에 대해서는 194쪽 「분수 차원」을 참고할 것).

직선(1차원)에서 $x=k$는 점(0차원)

평면(2차원)에서 $x=k$는 직선(1차원)

공간(3차원)에서 $x=k$는 평면(2차원)

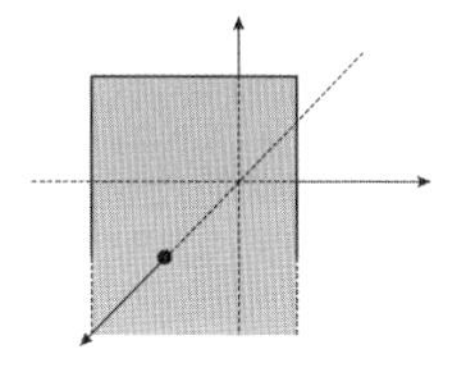

4차원에서 $x=k$는 공간(3차원)

이와 같이 기하에 덧붙여진 대수는 수학의 내용을 더욱더 일반적이고 추상적으로 만들었으며, 이로써 수학적 논의가 더 풍성해졌다.

어디를 보아도 똑같은 모양

정다면체의 세계

수학 퍼즐반의 회원인 영심이. 오늘의 과제는 성냥개비 문제 풀기.

"자, 성냥개비 여섯 개로 정삼각형 네 개를 만들어 봅시다!"

'성냥개비 여섯 개로 정삼각형 네 개를? 음…… 어떻게?'

고민하는 영심이. 여러분은 어떻게 하겠는가? 1분 내에 만들어 보라.

정다면체는 우주의 조화를 상징

이는 국내에도 소개된 적 있는 공상과학소설에 등장했던 문제이다. 소설에서는 주요한 인물들이 이 문제를 알아맞힌 뒤 곧바로 지하실로 사라져 버린다. 이 문제의 답은 무얼까? 바로 피라미드! 다시 말해 정4면체이다. 문제를 풀 때 성냥개비를 평면에 놓고 이리저리 움직여서는 답을 얻을 수 없다. 생각의 차원을 더 높여 입체적으로 생각해야 실마리가 떠오른다.

정4면체는 우리가 생각할 수 있는 다섯 개의 정다면체 중에서 가장 간단한 모양이다. 정다면체란 각 꼭짓점에 모이는 모서리의 수가 같고 각 면이 합동인 정다각형으로 이루어진 입체도형을 말한다. 우리가 알고 있는 정다면체는 정4면체, 정6면체, 정8면체, 정12면체, 정20면체로 다섯 개뿐이다. 예부터 수학자들은 정다면체가 다섯 개뿐이라는 사실에 대해 철학적인 해석을 하기도 했는데, 특히 플라톤(기원전 428? ~ 기원전 348?)은 정4면체를 불, 정6면체를 흙, 정8면체를 공기, 정20면체를 물로 보고, 정12면체는 이 네 가지를 둘러싸고 있는 우주로 보았다.

정다면체는 오직 다섯 개

그런데 왜 정다면체는 다섯 개뿐일까? 정다각형에는 정10각형, 정15각형처럼 무수히 많은 다각형이 있는데, 정다면체에는 왜 정10면체, 정15

이집트의 피라미드

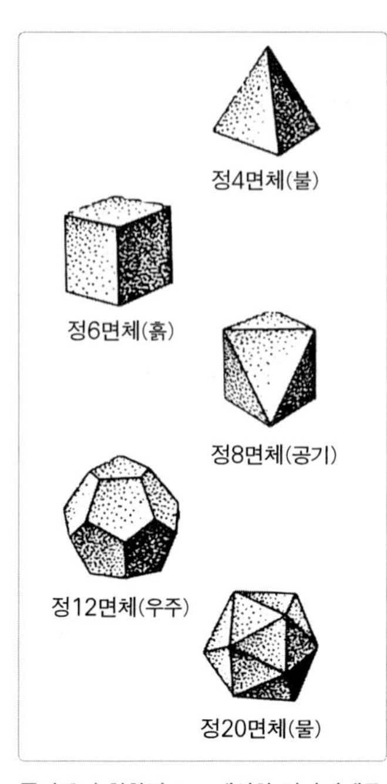

플라톤이 철학적으로 해석한 정다면체들

면체 등이 없을까? 정다면체는 구와 연결 상태가 같은 도형이기 때문에 오일러 공식을 만족한다.

■ 오일러 공식

$V-E+F=2$

(V=꼭짓점의 수, E=모서리의 수, F=면의 수)

정다면체를 이루는 각 면의 변의 수를 m이라 하자. 예를 들어 정4면체는 각 면이 삼각형이므로 변의 수는 3이 된다. 그러면 F개의 면에 각각 m개의 모서리가 있게 되고, 각 모서리는 그 모서리를 경계로 하는 양 면에 걸쳐 있으므로 mF를 2로 나눈 $\frac{mF}{2}$가 총 모서리의 수인 E가 된다. 정4면체는 면의 수(F)가 네 개이고 $m=3$이므로 총 모서리의 수는 $\frac{3\times4}{2}=6$이 되는 셈이다.

$$\frac{mF}{2}=E$$

즉, $mF=2E$ …… ①

한편, 정다면체의 각 꼭짓점에 모인 모서리의 수를 n이라 하자. 예를 들어 정4면체는 n이 3이다. 그러면 V개의 꼭짓점에 각각 n개의 모서리가 모이며, 그 모서리는 양 끝에 꼭짓점이 있어서 두 번씩 계산되므로

$\frac{nV}{2}$가 총 모서리의 수(E)가 된다. 정4면체는 꼭짓점의 수(V)가 4이고 $n=3$이므로 총 모서리의 수는 $\frac{4\times3}{2}=6$이 된다.

$$\frac{nV}{2}=E$$

즉, $nV=2E$ …… ②

이제 ①과 ②를 오일러 공식에 대입해 보자.

①에서 $F=\frac{2E}{m}$, ②에서 $V=\frac{2E}{n}$

이를 오일러 공식에 대입하면

$$V-E+F=\frac{2E}{n}-E+\frac{2E}{m}=2$$

즉, $\frac{2}{n}-1+\frac{2}{m}=\frac{2}{E}$

따라서 $\frac{1}{n}-\frac{1}{2}+\frac{1}{m}=\frac{1}{E}$

또한 항상 $m\geqq3$ (각 면은 삼각형 이상이므로), $n\geqq3$ (한 꼭짓점에 입체로 모이려면 모서리가 세 개 이상이어야 하므로)이다. 이를 위의 식에 차례로 대입해 보면 다음과 같이 된다.

$m=3$, $n=3$이면 $E=6$, $F=4$

$m=3$, $n=4$이면 $E=12$, $F=8$

$m=3$, $n=5$이면 $E=30$, $F=20$

즉, 정삼각형을 면으로 하는 정다면체는 위와 같이 정4면체, 정8면체, 정20면체뿐이다. 만약 $n=6$이라면 정삼각형이 한 꼭짓점에 여섯 개 모이는 셈인데, 여기서는 입체도형이 나올 수 없다. 정삼각형의 한 내각의 크기가 60°여서 삼각형 여섯 개가 모이면 $60° \times 6=360°$가 되어 평면이 되어 버리기 때문이다. 그러므로 $n=6$ 이후는 계산할 필요가 없다.

$m=4$, $n=3$이면 $E=12$, $F=6$

여기서 $n=4$라면, 즉 정사각형이 한 꼭짓점에 네 개 모인다면 입체도형이 될 수 없다. 정사각형의 한 내각의 크기가 90°여서 한 꼭짓점에 사각형 네 개가 모이면 $90° \times 4=360°$가 되어 평면이 되기 때문이다. 이렇게 정사각형을 면으로 하는 정다면체는 정6면체뿐이다.

$m=5$, $n=3$이면 $E=30$, $F=12$

위와 같이 오각형을 면으로 하는 정다면체도 정12면체뿐이다. $n \geqq 4$인 경우 입체도형이 나올 수 없다.

그렇다면 $m \geqq 6$이라면 어떻게 될까? 예를 들어 $m=6$인 경우를 생각해 보자. $m=6$이라면 정다면체의 각 면이 정6각형으로 되어 있다는 뜻인데, 정6각형은 한 꼭짓점에 세 개만 모여도 평면이 되어 버린다. 지금까지 살펴보았듯이 정다면체는 $m=3$, 4, 5일 때, 다시 말해 각 면이 정3각형, 정4각형, 정5각형일 때만 성립한다.

마음대로 늘이거나 줄인다

위상기하

치열한 전투가 벌어지고 있는 독일의 쾨니히스베르크(지금의 칼리닌그라드). 유능한 공병대원인 피터는 상부로부터 이 지역에 있는 다리 일곱 개를 나타낸 지도를 건네받고, "다리를 하나씩 건너면서 건너온 다리를 다이너마이트로 폭파해 일곱 개의 다리를 모두 끊어라."라는 임무를 수행하게 되었다.

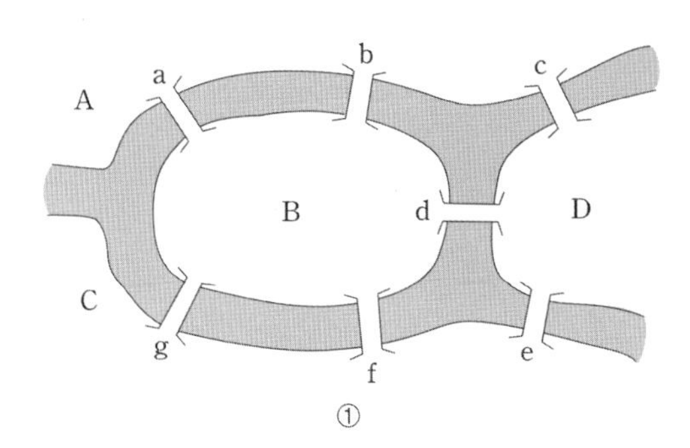

①

폭파 전문가 피터, 과연 이 임무를 어떻게 완수할 수 있을까?

쾨니히스베르크의 다리와 위상기하학

위 문제는 위상기하학의 탄생을 불러온 일명 '쾨니히스베르크 다리 건너기'라는 것이다. 피터가 임무를 완수하려면 일곱 개의 다리를 차례로 건너되, 같은 다리를 두 번 건너지 않고 모든 다리를 건널 수 있어야 한다. 그럼 한번 건너 보자.

- A 구역에서 출발 → a 다리 → g 다리 → e 다리 → c 다리 → b 다리 → f 다리 (d 다리는 건널 수 없음)
- B 구역에서 출발 → a 다리 → b 다리 → g 다리 → f 다리 → d 다리 → c 다리 (e 다리는 건널 수 없음)
- D 구역에서 출발 → c 다리 → b 다리 → d 다리 → e 다리 → f 다리 → g 다리 (a 다리는 건널 수 없음)

오일러

위에서 살펴보았듯이 쉬운 문제는 아니다. 그리고 이 문제를 해결하려면 위와 같이 일일이 따져 보는 것은 무리이다. 그렇다면 이 문제를 효율적으로 풀 수 있는 방법은 없을까? 그 방법을 알아낸 사람이 바로 18세기의 대수학자 오일러이다. 오일러는 이 문제에 흥미를 갖고 해법을 연구한 끝에 "피터의 임무는 완수될 수 없다."라는 결론을 내렸다.

오일러가 알아낸 효율적인 해법이란 것은 무엇일까? 먼저 그는 다리의 길이와 모양, 각 지역의 크기 등은 문제를 해결하는 데 아무런 상관이 없다고 보았다. 단, 다리의 수와 지역의 수, 그리고 다리와 각 지역 간의 연결 관계가 중요하다고 여겼다. 그리하여 오일러는 지역 A, B, C, D를 점으로, 다리 a, b, c, d, e, f, g를 선으로 보고는 쾨니히스베르크 시의 다리 지도를 다음과 같이 고쳐서 나타냈다.

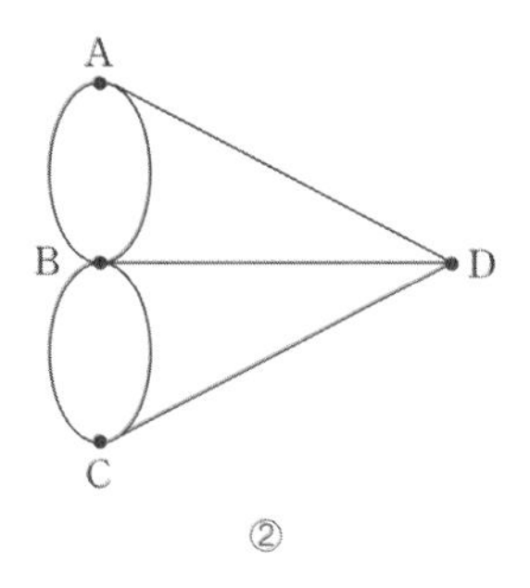

②

그림 ①과 그림 ②를 비교해 보자. 두 그림은 모양은 다르지만 지역들 간의 연결 관계는 그대로 보존되어 있다. 따라서 그림 ①에서 다리를 한 번씩만 차례로 건넌다는 것은 그림 ②에서 한붓그리기를 완성한다는 것과 같은 의미이다. 한붓그리기란 도형의 각 선을 한 번만 지나면서 모든 선을 그리는 작업을 말한다. 어떤 도형이 한붓그리기가 되려면 홀수점이 없거나 두 개여야 한다. 그림 ②를 살펴보면 홀수점이 A, B, C, D로 모두 네 개이므로 한붓그리기를 할 수 없다. 이로써 쾨니히스베르크의 다리를 한 번씩만 건너면서 모든 다리를 폭파한다는 것은 불가능한 셈이다. 공병대원 피터가 아무리 훈련된 폭파 전문가라 할지라도 이번 임무는 완수할 수 없다.

이상에서 살펴본 '쾨니히스베르크의 다리 건너기' 문제는 기존의 유클리드기하학과는 다른, 새로운 기하학을 탄생시켰다. 기존의 유클리드 기하학에서는 크기와 모양이 같아야만 같은 도형으로 보았다. 그러나 '쾨니히스베르크의 다리 건너기' 문제는 도형의 크기나 모양이 변해도 도형이 이어져 있는 상태, 즉 도형의 연결 상태만 유지되면 같은 것으로 보는 새로운 기하학, 즉 '위상기하학'을 만들어 냈다. 삼각형과 원은 유클리드기하학에서는 다른 도형이지만, 위상기하학에서는 같은 도형이다. 왜냐하면 삼각형은 끊거나 이어 붙이지 않고도 적당히 구부리면 원이 될 수 있기 때문이다.

위상기하학의 성질을 잘 표현해 주는 예로 서울특별시 지하철 노선도를 들 수 있다. 이 노선의 안내도와 실제 지도를 비교하면 모양도 다를 뿐 아니라 거리나 방위 등도 다르다. 그러나 역의 순서나 환승역 등은 똑같다. 안내도와 실제 지도의 연결 상태가 같으니, 두 지도는 위상기하학적으로 같은 도형인 셈이다.

특이한 곡면

위상기하학에서는 도형의 본질적인 요소로서 모양과 크기보다는 연결 상태를 중시하기 때문에 재미있는, 하지만 그 모습을 시각적으로 파악하기는 어려운 곡면을 만들어 낼 수 있다. 자, 이제 그러한 곡면들을 살펴보자.

테이프에는 앞면과 뒷면이 있다. 따라서 가장자리를 넘지 않고는 한 면에서 다른 면으로 이동할 수 없다. 그러나 모든 면이 하나로 연결된 곡

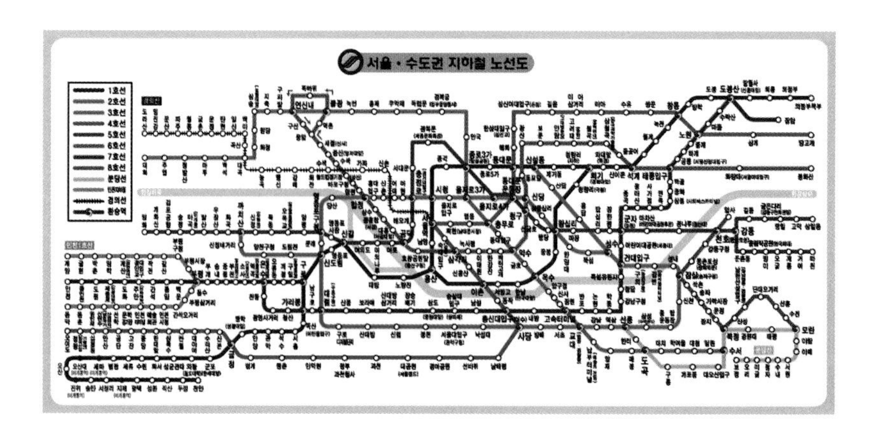

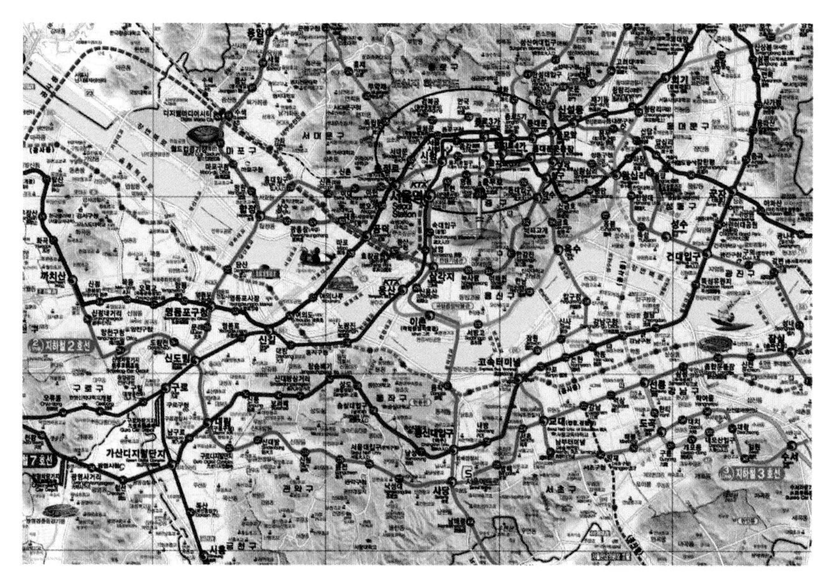

지하철 노선도(위)와 실제 지도(아래)

면을 만들 수 있다면? '모든 면이 한 면인 곡면', 그것이 바로 뫼비우스의 띠이다. 기하학자인 뫼비우스(1790 ~ 1868)가 처음으로 주목했다고 해서 그렇게 부른다. 뫼비우스의 띠는 만들기 쉽다. 다음 그림처럼 바로 펴진 띠를 한 번 틀어서 이어 붙이면 된다.

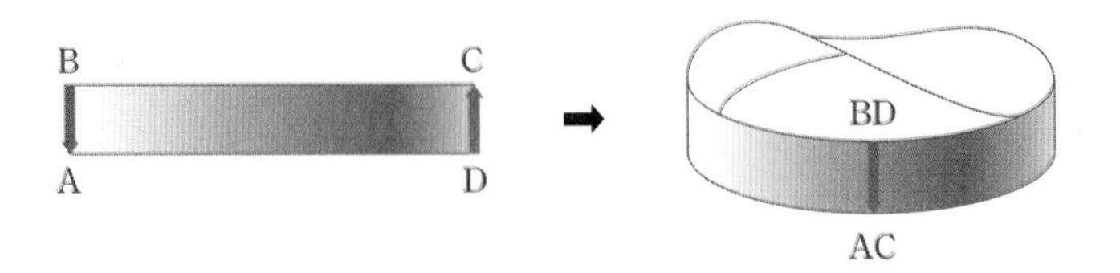

만들어진 띠를 잘 들여다보라. 이 띠는 일반적인 띠에서는 분리되어 있어야 할 앞뒤의 두 면이 이어져 있다. 띠의 한 면에 연필로 선을 그어 보자. 그 선이 어느새 띠의 한 면을 거쳐서 다른 면까지 그어지는 것을 발견할 수 있을 것이다. 뫼비우스의 띠는 '방향을 정할 수 없는 곡면'이라는 특징이 있다. 예컨대, 만약 뫼비우스 띠처럼 만들어진 2차원 공간을 여행한다면 한 바퀴 돌아왔을 때는 눈앞의 풍경이 처음 모습과 좌우가 바뀌게 된다. 즉, 이런 공간에서 좌우의 방향은 아무 의미가 없게 되는 것이다.

한편, 달걀을 깨지 않고 달걀의 노른자를 꺼내는 일은 가능할까? 이와 마찬가지로, 금고를 열지 않고 그 속의 돈을 꺼내는 일은 가능할까? 이처럼 외부 공간에서 내부 공간으로 이동할 때 아무런 경계를 지나지 않아도 되는 일이 가능할까? 클라인병에서는 얼마든지 가능하다. 클라인병이란 내부 공간과 외부 공간의 구별이 없는 4차원 곡면을 말한다.

클라인병은 4차원 공간에 존재하는 것이어서 그 모습을 시각적으로 파악하기가 어렵다. 실제로 만들어 보는 것도 불가능하다. 그러나 약간의 눈속임을 허락한다면 다음과 같이 만들 수 있다. 직사각형 종이로 원통을 만든 뒤 원통 한쪽을 죽 늘여서 그 끝을 원통 옆구리를 관통해 원통의 다른 쪽 끝과 붙인다.

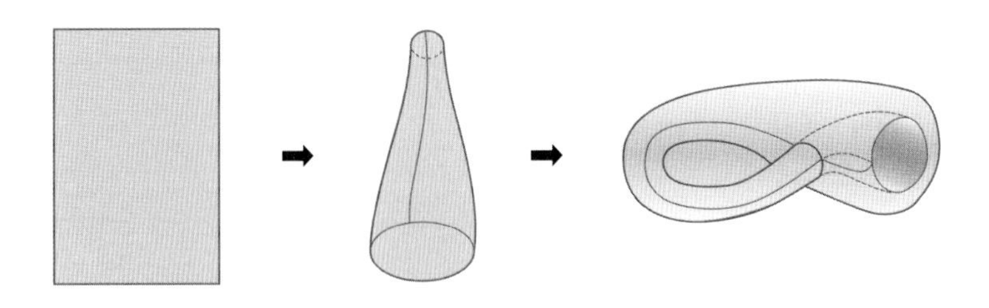

축구공 바깥쪽에 있는 개미는 표면을 통과하지 않고는 절대로 안쪽으로 들어갈 수 없으며, 콤팩트디스크 앞면에 있는 개미는 가장자리를 통과하지 않고는 뒷면으로 옮겨 갈 수 없다. 그러나 클라인병 바깥쪽에 있는 개미는 어떤 경계도 지나지 않고 안쪽으로 이동할 수 있다. 클라인병도 뫼비우스의 띠처럼 방향을 정할 수 없는 곡면이라는 특징이 있다.

클라인병을 컴퓨터그래픽으로 묘사한 모습

모든 평행선은 만난다?

비유클리드기하

지리 시간. 지리부도를 펼쳐 놓고 선생님이 말씀하시는 대로 열심히 눈동자를 움직이며 지도를 보고 있는데…….

"자, 지도를 보면 우리나라에서 북아메리카로 가는 비행기 노선이 표시되어 있지? 그런데 자세히 들여다보면 비행기 노선이 직선으로 그려져 있지 않고 약간 북쪽으로 치우쳐 곡선으로 휘어져 있을 거야. 왜 그렇게 휘어져 있을까?"

선생님 말씀을 듣고 보니, 글쎄, 왜 그럴까? 연료만 더 들게 왜 휘어진 노선으로 날아갈까?

"평면이 아닌 '지구'라는 구의 표면에서 보면 북쪽으로 약간 휘어진 길이 가장 가까운 길이에요."

어느 똘똘한 학생이 대답했다. 표면이 둥근 구에서 볼 때 두 지점 사이를 가장 가깝게 잇는 직선은 평면에 그린 지도에서는 휘어져 보인다니,

참 오묘한 얘기로군.

유클리드기하

수학의 여러 분야 중 역사적으로 가장 오래된 것은 단연 '기하'이다. 기하는 도형을 다루는 학문으로, 고대 이집트 시대부터 땅의 면적을 측량하던 기술이 발전하여 완성된 것이다. 특히, 기원전 3세기경 유클리드는 기하에 대한 모든 지식을 집대성하여 열세 권짜리 수학책 『원론』을 썼다. 우리가 중학교 때 배우는 도형의 성질 증명은 바로 유클리드가 집대성한 『원론』의 내용을 따르고 있다. 이처럼 『원론』을 따르는 기하를 '유클리드기하'라고 부른다. 『원론』은 논리적 짜임새가 완벽해서 유클리드가 죽은 지 2000여 년이 지난 오늘날까지 수학을 공부하는 사람이라면 누구나 한 번쯤 봐야 할 책이 되었다.

이 책은 점, 선, 면 등 기하의 가장 기본이 되는 몇 가지의 성분을 정의하고, 직관적으로 자명해 보이는 이들 사이의 상호관계를 공리 — 증명 없이 자명한 진리로 인정되고, 다른 명제를 증명하는 데 전제가 되는 원리를 말함 — 로 규정하면서 시작된다. 그런 다음 이렇게 규정한 몇 개의 개념들과 공리를 이용하여 가장 기본적인 도형의 성질부터 증명한다. 그 다음에는 이미 증명된 간단한 도형의 성질들을 결합하여 좀 더 복잡한 도형의 성질들을 증명해 간

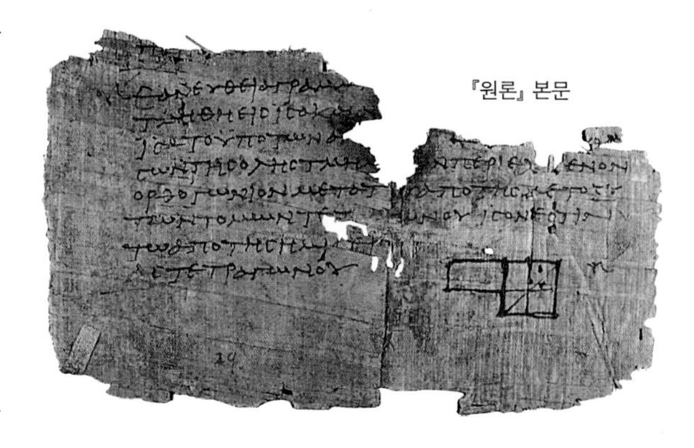

『원론』 본문

다. 그런데 자명한 진리로 여겨 증명 없이 인정했던 공리들에 의구심을 품게 되었다. 그러면서 유클리드기하와는 다른 새로운 기하가 탄생하게 되었다.

비유클리드기하

구면 위의 두 점 A, B를 지나는 직선을 그어 보자. 그림 ①과 그림 ② 중에서 A, B의 거리가 더 짧은 것은 무엇인가? 다시 말해, A에서 B까지 비행기로 날아간다고 가정했을 때 어느 길로 가야 시간과 연료를 아낄 수 있을까?

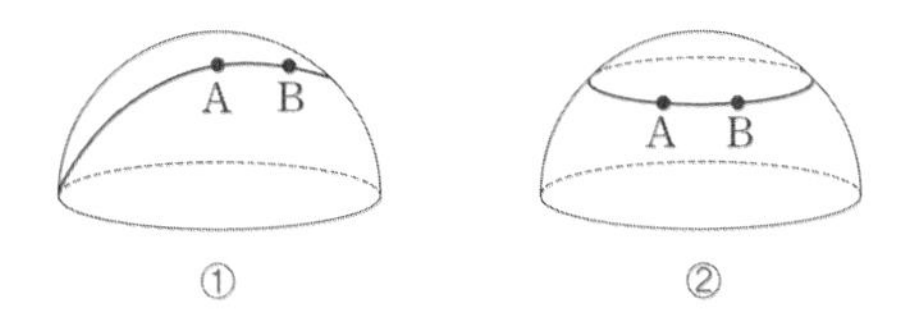

두 점 A와 B에 핀을 꽂고 두 점 사이를 실로 연결해 팽팽하게 당겨 보면 그림 ①에서 A, B의 길이가 더 짧음을 알 수 있다. 이렇게 보면 구면 위의 직선은 '구를 두 점과 구의 중심을 지나는 평면으로 잘랐을 때, 구면 위에 나타나는 원(잘려서 구의 표면에 생긴 원)'이 된다. 이 원을 '대원'이라고 부른다.

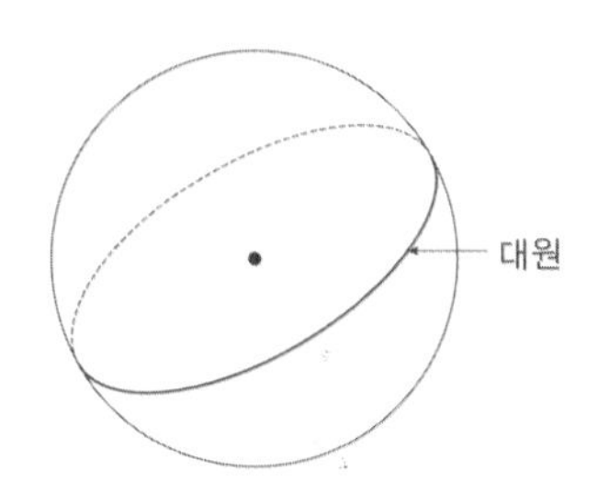

구면 위에서는 직선을 '대원'으로 정의할 수 있다. 그렇다면 우리가 알고 있던 평행선 공리는 구면의 세계에서는 여지없이 깨지고 만다.

■ 평행선 공리

직선 l과 l 위에 존재하지 않는 점 P가 있다. 이때 점 P를 지나면서 직선 l과 평행한 직선은 오직 하나뿐이다.

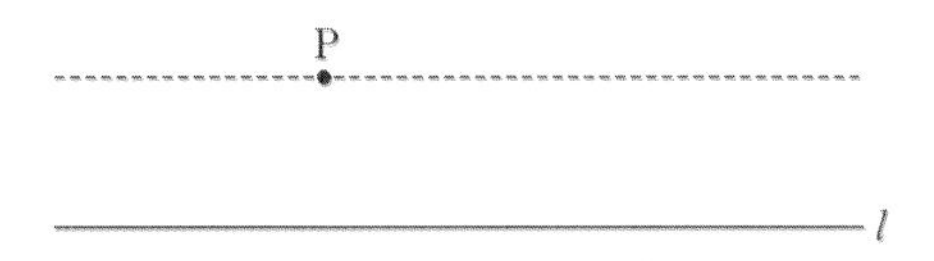

구면 위에 직선 l을 그려 보자. 그리고 l 위에 존재하지 않는 점 P를 생각하자. P를 지나면서 l과 평행한 직선을 그릴 수 있을까? 위에서 구면 위의 직선을 대원으로 정의한 대로라면, l과 만나지 않는 직선을 그리기란 불가능함을 알 수 있다. 평면 위에서 성립했던 평행선 공리가 구면 위에서는 성립하지 않는 것이다. 따라서 직선 l 위에 존재하지 않는 점 P를 지나는 직선 중 l과 만나지 않는 평행선은 하나도 없다.

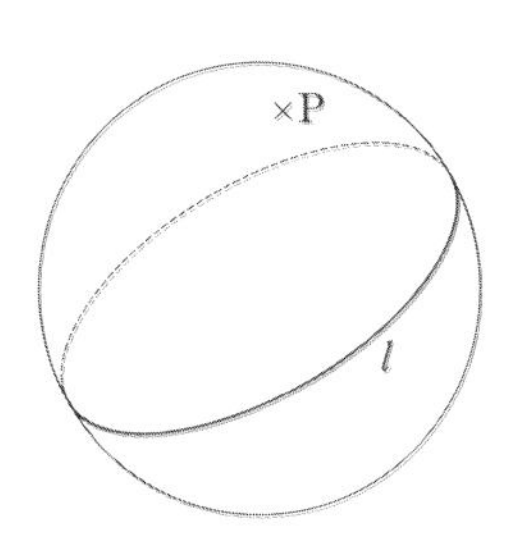

이처럼 도형이 존재하는 세계가 바뀌면, 유클리드기하에서는 볼 수 없었던 결과들이 나타나게 된다. 예를 들어 구면 위에서는 삼각형 내각의 합이 270°가 될 수도 있다. 앞의 구면과 같이 평행선 공리를 만족하지 않는 새로운 기하를 '비유클리드기하'라고 부른다. 비유클리드기하는 유클리드가 주장한 평행선 공리를 증명하려는 시도에서 탄생되었다. 유클리드는 『원론』에서 논리적으로 명백한 몇 가지 사실을 구체적으로 증명하지 않고 '공리'란 이름으로 간단하게 규정했다. 이 책에 들어 있는 공리들은 대체로 이해하는 데 큰 무리가 없으나, 다섯 번째 공리인 '평행선 공리'만은 내용이 꽤 복잡해서, 후대의 수학자들이 이를 구체적으로 증명해 보려 했다. 하지만 그러한 시도는 실패로 돌아갔으며, 오히려 평행선 공리를 무시했을 때 새로운 기하를 만들어 낼 수 있음을 발견했다. 그리하여 보요이(1802~1860), 가우스, 로바체프스키(1792~1856) 같은 수학자들이 평행선 공리를 만족하지 않는 다양한 기하를 만들어 냈다. 특히, 앞에서 예로 든 구면기하는 가우스의 제자인 리만(1826~1866)이 만들어 낸 대표적인 비유클리드기하이다.

리만

빛과 스크린으로 설명한다

변환에 의한 기하학

기하의 세계는 실로 다양하다. 이제 여러 변환에 의하여 도형이 어떻게 달라지는지 살펴보자.

변환은 어떤 도형을 주어진 방법에 따라 다른 도형으로 옮기는 것이다. 그러고 보면 기하는 이러한 변환에 의해 도형을 옮길 때 변하는 성질과 변하지 않는 성질을 연구하는 학문이라고도 할 수 있다. 변환은 빛과 스크린을 사용하면 아주 쉽게 이해할 수 있다. 이제 빛과 스크린이 이끄는 다양한 변환의 세계로 여행을 떠나 보자.

합동변환과 닮음변환

먼저 빛을 평행 광선으로 하고, 모델(도형)과 스크린을 평행한 위치에 놓는다. 그러면 다음 그림처럼, 스크린에 본래의 도형과 모양, 크기가 같은 도형이 나타난다. 이것이 바로 합동변환이다.

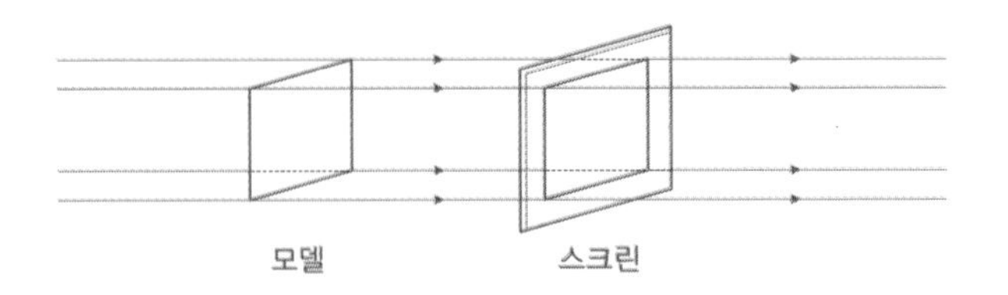

이와는 달리 평행 광선이 아닌 한 점에서 발사된 빛을 생각해 보자. 빛은 한 점에서 발사되고 모델과 스크린은 평행 상태라고 하면, 합동변환과는 다른 크기의 도형이 스크린에 맺힌다. 이것이 닮음변환이다.

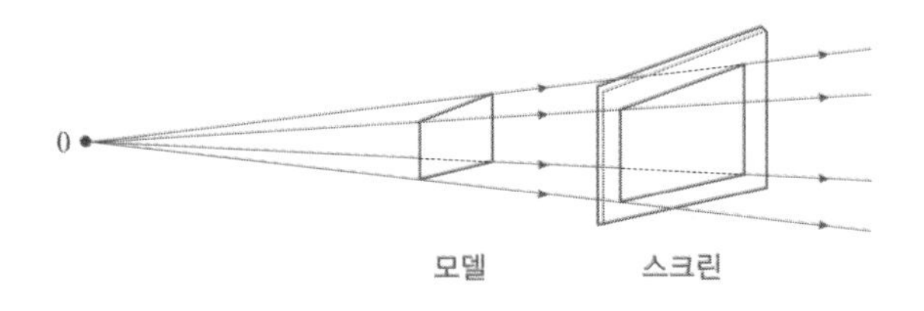

위의 그림에서 알 수 있듯이, 합동변환에서 '모양과 크기가 같은 도형'은 닮음변환에서는 '모양만 같은 도형'으로 변한다. 그러나 합동변환보다 자유로워진 닮음변환에서도 변하지 않는 성질들이 있다. 무엇일까? 점 위치의 순서, 선분 길이의 비, 각의 크기, 평행 관계이다.

아핀변환, 사영변환, 위상변환

앞에서 살펴본 합동변환과 닮음변환은 모델과 스크린이 평행하다는 점은 같으나, 빛을 비추는 방법이 달랐다. 그런데 만약 모델과 스크린을 평행하지 않게 놓는다면 도형은 어떤 모습으로 바뀔까? 먼저 평행 광선이면서 모델과 스크린이 평행하지 않은 경우를 생각해 보자.

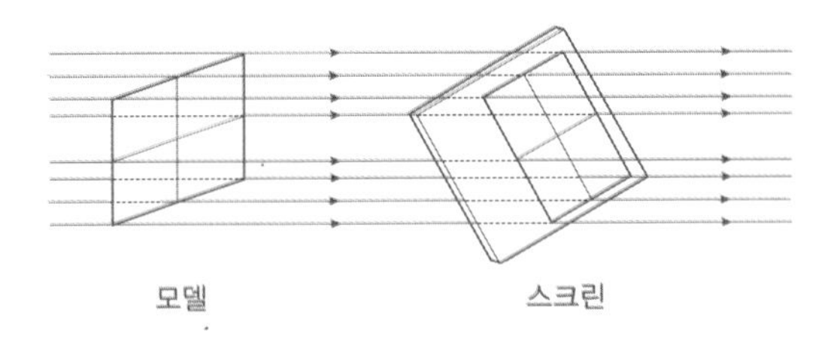

모델과 스크린이 평행하지 않아도 되므로 스크린을 여러 각도로 움직여도 된다. 따라서 스크린에 맺히는 도형의 상은 여러 가지이다. 예를 들어 정사각형은 스크린의 각도에 따라 다음과 같은 여러 상으로 나타난다.

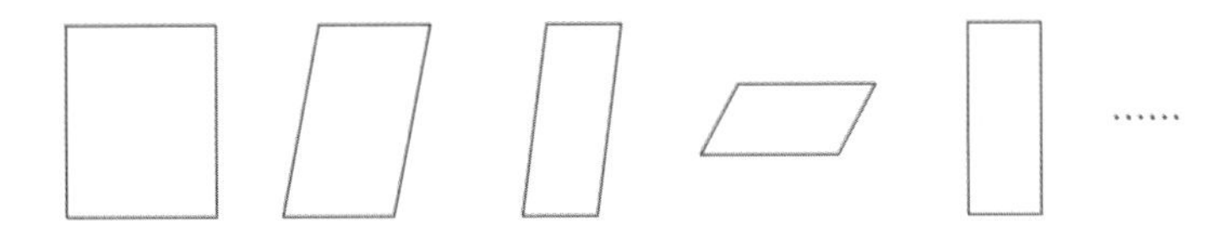

이러한 변환을 아핀변환이라고 한다. 아핀(Affine)이란 '비슷함', '인척·동족'을 뜻하는 말이다. 아핀변환에서도 변하지 않는 성질은 무엇일까? 점의 위치 관계, 선분 관계, 평행 관계, 같은 직선상에 있는 선분끼리의 비 등이다. 닮음변환에서 유지되었던 각의 크기는 아핀변환에서 더 이상 유지되지 않는다. 그러면 이제 빛이 평행 광선이 아닌 한 점에서 발사되고, 모델과 스크린은 평행이 아니라고 해 보자.

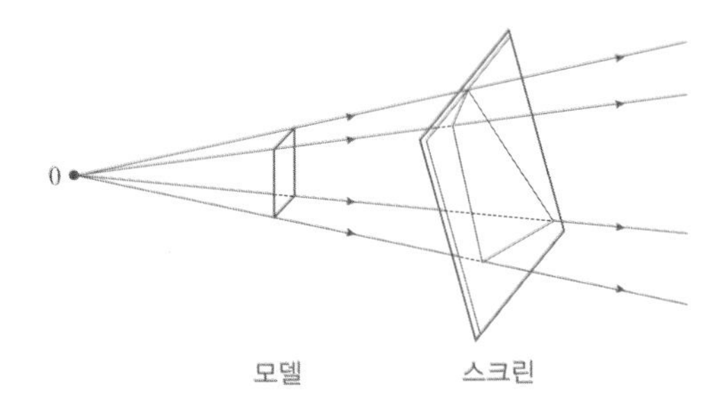

위와 같은 변환을 사영변환이라 하는데, 여기서도 변하지 않는 성질은 무엇일까? 점의 위치 관계, 선분 관계이다. 그러나 같은 직선상에 있는 선분끼리의 비는 유지되지 않는다.

지금까지 합동변환에서 사영변환에 이르는 다양한 변환을 살펴보았다. 사영변환으로 갈수록 도형의 성질이 더 자유로워짐을 알 수 있다. 그렇다면 사영변환보다 더 자유로운 변환은 없을까? 스크린을 곡면으로 만드는 것이 한 가지 방법일 수 있다.

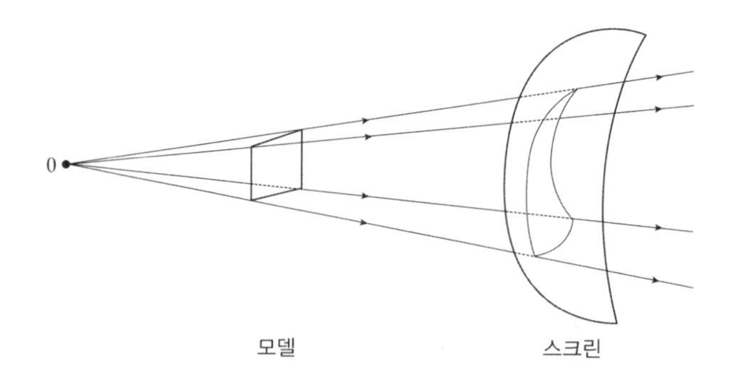

그러면 이제 더 이상 선분 관계는 유지되지 않는다. 즉, 선분이 꼭 선분으로 옮겨지진 않는다는 것이다. 이러한 변환을 위상변환이라 하는데, 여기서도 유지되는 성질은 점의 위치 관계뿐이다. 따라서 위상변환에서 유지되는 성질을 연구하는 위상기하학은 도형을 이루는 점의 위치 관계, 즉 도형이 이어져 있는지 끊어져 있는지를 주로 연구한다.

이상에서 살펴본 각 변환들을 유지되는 도형의 성질과 그에 따른 포함 관계로 분류하면 다음과 같다.

	합동변환	닮음변환	아핀변환	사영변환	위상변환
점의 위치 관계	○	○	○	○	○
선분 관계	○ (길이도 같음)	○ (길이도 변함)	○	○	×
선분의 비	○	○	○ (같은 직선 상에 있을 때만)	×	×
각의 크기	○	○	×	×	×
평행 관계	○	○	○	×	×

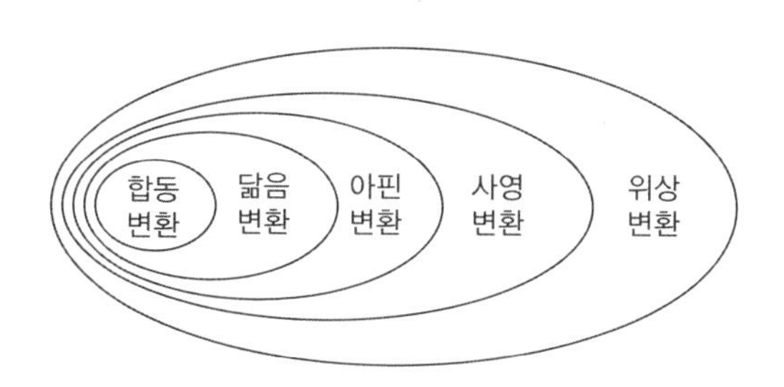

● 138~139쪽 문제의 해답

①

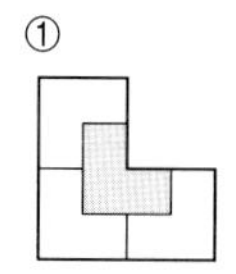

②

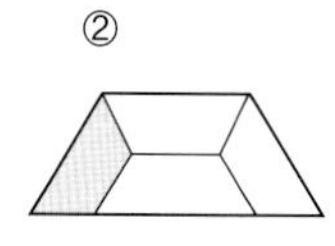

③

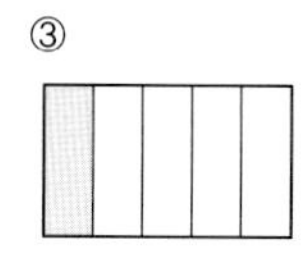

④

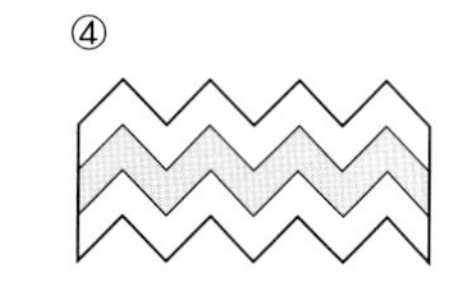

5. 최신 수학과 그 밖의 이야기

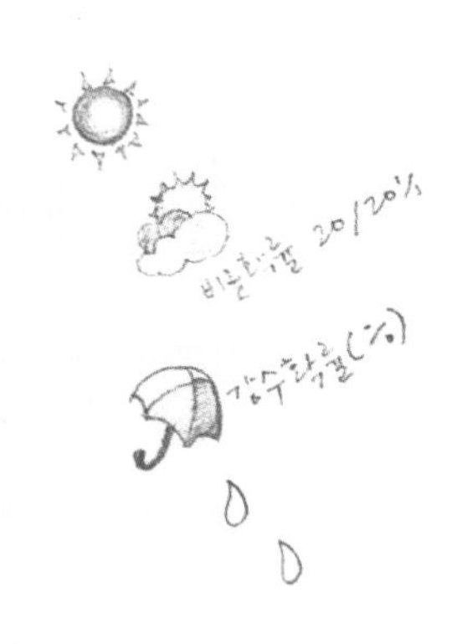

- 내일 비가 올까, 안 올까?
- 4의 배수가 되는 문제들만 채점한다면?
- 자신 속에 자신이
- 분수 차원
- 0.8만큼 미인

32℃

내일 비가 올까, 안 올까?

확률 이야기

"친애하는 파스칼, 나는 다음과 같은 심각한 문제에 봉착했다네. 실력이 비슷한 A, B 두 사람이 돈을 32피스톨씩 걸고 내기를 했었지. 한 번 이기면 1점을 얻는 것으로 하고, 먼저 3점을 얻는 사람이 64피스톨을 모두 갖기로 했어. 이 내기에서 A가 먼저 2점을, B가 1점을 땄는데, 그만 한 사람이 몸이 아파 내기를 더 이상 할 수 없게 되었지 뭔가. 이럴 경우 내기를 무효로 하자니 먼저 2점을 딴 A가 억울해하고, A가 먼저 2점을 얻었기에 A가 이긴 걸로 하자니 B가 '앞일은 모르는데 어떻게 A가 꼭 이긴다고 할 수 있소?' 하며 항의해서 도무지 어떻게 판정을 내려야 할지 모르게 되었다네. 도대체 64피스톨을 어떻게 분배하는 것이 좋겠나? 파스칼 자네라면 이 문제의 해답을 줄 수 있으리라 믿네."

확률의 유래

17세기 프랑스의 유명한 도박사 드 메레는 친구 파스칼(1623 ~ 1662)에게 이러한 편지를 보냈다. 당시 국내외로 명성을 날리고 있던 수학자 파스칼은 고심 끝에 이 문제를 다음과 같이 해결해 주었다.

"만약 내기를 그만두지 않고 계속할 경우 A가 이긴다면 A는 세 번을 이긴 셈이므로 64피스톨을 다 가져야 한다네. 그런데 B가 이긴다면 A가 두 번, B가 두 번을 이긴 것이므로 둘이 32피스톨씩 나누어 가지면 되지. 결국 A는 이기든 지든 32피스톨은 가져야 한다네. 그 다음 내기에서 이기는 사람이 최종 승자가 되는데, A가 이길 가능성과 B가 이길 가능성은 반반이므로 나머지 32피스톨을 둘이 16피스톨씩 나눠 가지면 된다네. 따라서 A는 48(32+16)피스톨, B는 16피스톨을 가지면 이 문제는 합리적으로 해결되지."

이와 같이 파스칼은 도박 문제를 연구하면서 확률의 개념을 탄생시켰다. 이후 스위스의 수학자 베르누이(1654 ~ 1705), 프랑스의 수학자 드 무아브르(1667 ~ 1754)와 라플라스(1749 ~ 1827) 등이 확률론을 체계화했다.

파스칼

어떤 시행에서 일어날 수 있는 모든 경우의 수가 n가지이고 각 경우는 같은 정도로 확실할 때, 사건 A가 일어날 경우의 수가 r가지이면 A가 일어날 (수학적) 확률은 $\frac{r}{n}$이다. 예를 들어 동전을 던져 앞면이 나올 확률을 계산해 보자. 동전을 던져서 일어날 수 있는 경우의 수는 앞면과 뒷면 두 가지이고, 그 중 앞면이 나오는 경우의 수는 한 가지이므로 확률은 $\frac{1}{2}$이 된다.

수학적 확률과 통계적 확률

일기예보에서 기상 캐스터가 "내일 비 올 확률은 50%입니다." 했다고 하자. '비가 올 확률'이라는 말은 어떤 뜻일까? 비 올 확률이 50%라면, 비가 올 수도 있고 안 올 수도 있으니 우산을 가져가든 말든 알아서 하라는 뜻일까? 여기서의 확률은 앞에서 정의한 수학적 확률과는 의미가 다르다. 수학적 확률로 따져 보면, 비가 올 확률에서 전체 경우의 수는 몇 가지일까? 비가 오는 경우와 비가 오지 않는 경우 두 가지일까? 물론 아니다. 비가 올 확률은 단순히 경우의 수로 헤아릴 수 없다. 일기예보에서 사용하는 확률은 '통계적 확률'이다. 그래서 비가 올 확률 50%는 현재와 비슷한 기상 현상에서 100일이면 50일꼴로 비가 내렸다는 의미로 이해해야 한다.

주사위를 던지는 경우 3의 배수가 나올 확률은 $\frac{1}{3}$이다. 이때 얻어진 $\frac{1}{3}$은 수학적 확률이다. 실제로 해 본다면? 만약 100번 던진 중에 3의 배수가 30번 나왔다면 확률은 $\frac{3}{10}$, 200번 중 70번 나왔다면 확률은 $\frac{7}{20}$이 된다. 이때 얻어진 $\frac{3}{10}$과 $\frac{7}{20}$은 통계적 확률이다. 통계적 확률과 수학적 확률은 서로 완전히 다른 개념은 아니다. 시행 횟수를 아주 많이 했을 때 통계적 확률은 수학적 확률에 가까워지기 때문이다.

4의 배수가 되는 문제들만 채점한다면?

통계 이야기

수돌이가 시험을 보았다. 나름대로 열심히 공부해서 치른 시험인데, 이게 웬일? 성적이 100점 만점에 60점이라니! 고민 끝에 수돌이는 채점자를 찾아갔다.

"제가 채점하기로는, 문제 총 마흔 개 중에서 서른두 개를 맞혔으니 80점이 나옵니다. 그런데 60점밖에 나오지 않았으니, 답안지를 확인하고 싶습니다."

이 말을 들은 채점자는 회심의 미소를 지으며 수돌이에게 말했다.

"이 많은 사람들의 답안지를 어떻게 일일이 다 채점하겠나? 그래서 나는 통계학의 기본 원리를 이용해 4의 배수가 되는 문제들만 채점했다네. 문제가 총 마흔 개니까 4의 배수가 되는 문제는 열 개. 그 중에서 자네는 여섯 개 맞혔으므로 60점. 뭐가 잘못됐나?"

표본조사

위와 같은 방법으로 성적을 산출하는 것은 과연 타당할까? 실제로는 그렇게 채점하지 않겠으나, 만약 정말 그렇게 채점을 한다면 다음과 같은 점들을 생각해 보아야 한다. 첫째, 마흔 개 문제는 전부 채점하기에 너무 많은가? 둘째, 마흔 개 문제에서 열 개 문제는 총 점수를 대표하기에 충분한가? 셋째, 마흔 개 문제에서 열 개 문제를 선택할 때 기준을 4의 배수로 삼은 것은 적절한가?

일반적으로 선거를 앞두고 여론조사를 한다든지, TV 시청률을 조사한다든지, 어떤 상품에 대한 선호도를 조사해 수량화할 때, 대상 전체를 일일이 조사하기에는 시간과 비용이 너무 많이 든다. 그래서 대상 중 일부를 택하여 조사한 뒤 그것으로 전체를 추측하는 '표본조사'라는 통계 조사 방법을 쓴다. 그런데 이때 중요한 것은 표본의 크기와 선정 방법이다.

표본조사에서는 표본을 통해 조사한 결과로 전체 대상의 속성을 파악해야 하므로, 전체를 잘 나타낼 수 있는 표본을 선택해야 한다. 따라서 표본을 선택할 때에는 어느 한쪽의 성향에 치우치지 않고 대상 전체의 다양성이 고루 반영되도록 하는 것이 중요하다. 또 표본은 전체를 대표하는 것인 만큼 전체 대상에 비해 크기가 너무 작으면 신뢰성이 떨어진다. 예를 들어, 대통령 선거를 앞두고 어떤 후보가 대통령에 당선될지 알아보려고 여론조사를 실시했다고 하자. 조사 대상을 서울에 사는 20~30대 직장인 100명으로 정했다고 할 때, 이 여론 조사는 신뢰성에 문제가 있다고 할 수 있다. 왜냐하면 서울에 사는 사람들은 아무래도 농어촌 문제보다는 도시 정책에 관심이 더 많을 것이고, 20~30대는 40~50대에 비해 진보적 성향이 더 강할 것이며, 직장인들이 갖는 관심사가 주부나 자영업자들이 갖는 관심사와 같다고 보기 어렵기 때문이다. 또 전체 유권자를 생각할 때 100명이라는 크기는 전체를 대표하기에는 너무 작다고 볼 수 있다. 따라서 위와 같이 선정된 표본을 통해 조사한 결과는 신뢰하기가 어렵다.

요즘에는 사람들이 그럴듯한 통계 수치에 현혹되는 일이 종종 있다. 그 대표적인 예가 상품 광고이다. 신문이나 잡지를 보면 '전체 주부의 90%가 만족한 품질', '한 달 새 80% 매출 신장'과 같은 문구로 소비자를 유혹하는 광고가 많다. 그러므로 과대광고나 허위광고의 해를 입지 않으려면 90%나 80% 같은 통계 수치가 어떤 기준에서 나왔는지 따져 보고 구매를 결정해야 한다.

설문 조사

한 학기를 마치고 나서 그동안의 수업 방식이나 학급 운영에 대해 평가를 내리려고 학생들에게 설문 조사를 하는 선생님들이 종종 있다. 그런데 재미있는 사실은 답변자의 이름을 밝히게 한 경우와 그렇지 않은 경우에 결과가 크게 다르다는 것이다. 이름을 밝히지 않고 조사할 때 선생님에 대한 비판적인 의견이 더 많이 나오는 경향이 있다. 이는 일반적인 설문 조사에서도 나타나는 현상이다. 또 아래와 같이 질문 자체가 자기 입장을 밝히기 망설여지는 내용일 경우에도 답변자 대부분이 솔직하게 답하지 않으려 한다.

- 당신은 불법 비디오를 본 적이 있습니까?

- 당신은 무단 횡단을 한 적이 있습니까?
- 당신은 책을 한 달에 두 권 이상 읽습니까?
- 당신은 부모님을 속이고 용돈을 탄 적이 있습니까?

설문지는 대체로 객관식이라서 예시 항목 중 하나를 골라야 하는 제한이 따른다. 따라서 자기 생각과 정확하게 일치하는 답을 하기가 어려운데, 결국 비교적 일치하는 예시 항목을 고르게 된다. 또 설문지를 아주 객관적으로 만들지 않는 한, 답변자는 질문자가 의도한 방향으로 답할 가능성이 크다.

이와 같이 어떤 현상에 대해 통계를 낼 때에는 누구를 대상으로 범위를 얼마만큼 하여 어떤 방법으로 조사할지 꼼꼼하게 검토한 뒤 결정해야 객관적인 결과를 얻을 수 있다.

자신 속에 자신이

자기닮음도형

양지바른 산길을 걷다 보면 길가 풀숲에서 고사리를 흔히 볼 수 있다. 나물로 더 익숙한 고사리가 수학에서는 대표적인 자기닮음도형이라는 사실을 여러분은 아는가? 고사리 한 포기의 잎을 가까이에서 들여다보면, 깃

고사리

모양의 잎이 또다시 작은 깃 모양의 잎 조각들로 이루어져 있음을 알 수 있다. 다시 말해, 잎의 부분이 전체를 닮아 있다.

프랙탈의 탄생

사람들은 오랜 옛날부터 자연현상을 연구하고 모방하며 살아왔다. 자연의 여러 모습들을 삼각형, 사각형, 원이라는 단순한 도형으로 바꾸어 분석하고 연구하기도 했는데, 최근 들어서는 자연의 모습을 단순화한 이런 도형들이 오히려 자연을 표현하기에 부적절하다고 여기게 되었다.

예를 들어 산을 그린다고 해 보자. 이때 아래 그림 ①처럼 삼각형 하나를 그리기보다 ②처럼 비슷한 도형들을 거듭 겹쳐 굴곡을 이루는 모양으로 그린 것이 실제 산과 비슷해 보인다.

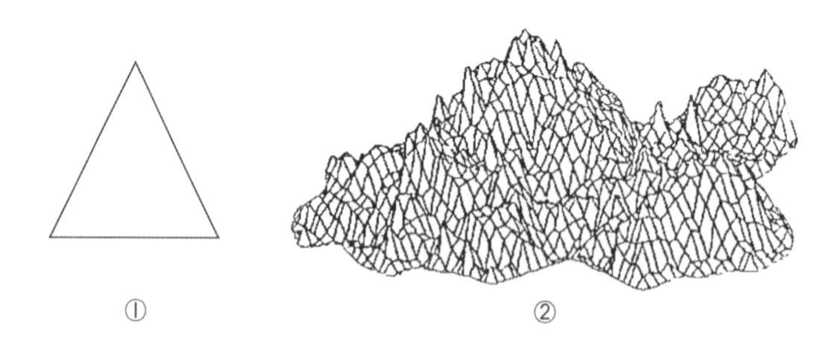

그림 ②처럼 단순한 선이 아니면서, 무수히 쪼개진 면으로 이루어져 복잡하고 끊임없이 꺾인 듯 보이는 도형을 '프랙탈 도형'이라고 한다. 프랙탈(fractal)은 만델브로트(1924 ~)가 만든 용어로, '조각난'을 뜻하는 라틴어 'fractus'에서 비롯된 말이다. 프랙탈 도형은 자연의 형상을 표현하는 데 적절해서 그림만으로도 실물을 보는 듯한 효과를 충분히 낸다.

일명 '프랙탈 채소'라고도 하는 식물(*Romanesco Taxonomy*)

자기닮음도형

프랙탈 도형의 특징은 '자기닮음도형'이 된다는 것이다. 자기닮음도형이란 도형의 일부분을 확대했을 때 다시 전체의 모습이 되는 도형을 말한다. 즉, 앞에서 예로 든 고사리 잎처럼 똑같은 모습의 부분이 계속 결합되어 같은 모습으로 전체를 이루는 도형이다. 학명이 *Romanesco Taxonomy*인 위 식물의 모습도 자기닮음도형이다.

이와 같은 도형은 자연현상에서 많이 발견된다. 구름의 경계선, 해안선, 나뭇가지, 번개 등의 모습도 모두 부분의 모습이 전체의 모습과 비슷하다는 점에서 자기닮음도형이다.

분수 차원

프랙탈 차원

아래 그림은 '코흐 눈송이'라고 한다. 코흐 눈송이는 대표적인 프랙탈 도형이며, '코흐 곡선'이라고 부르는 곡선이 모여서 완성된다.

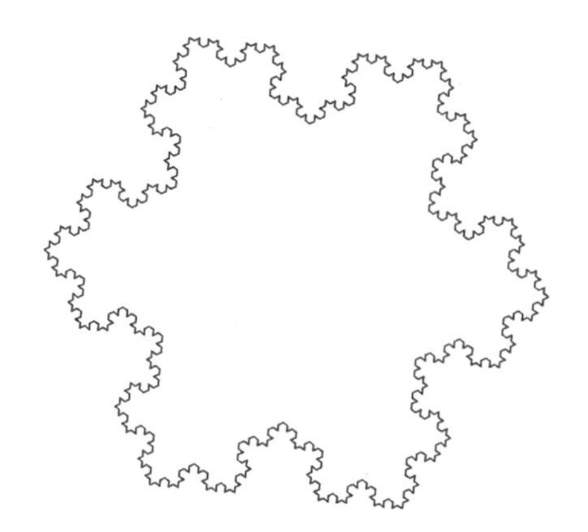

아래처럼 코흐 곡선을 그려 보자. 먼저 주어진 선분을 3등분한다. 그리고 가운데 부분에 정삼각형 모양의 선분을 만든다. 그러면 처음보다 길이가 $\frac{1}{3}$로 줄어든 선분이 네 개 생긴다. 각각의 선분을 다시 3등분해서 가운데 부분에 정삼각형 모양의 선분을 또 만든다. 이 작업을 계속하다 보면 쉴 새 없이 꺾어지는 코흐 곡선이 완성된다.

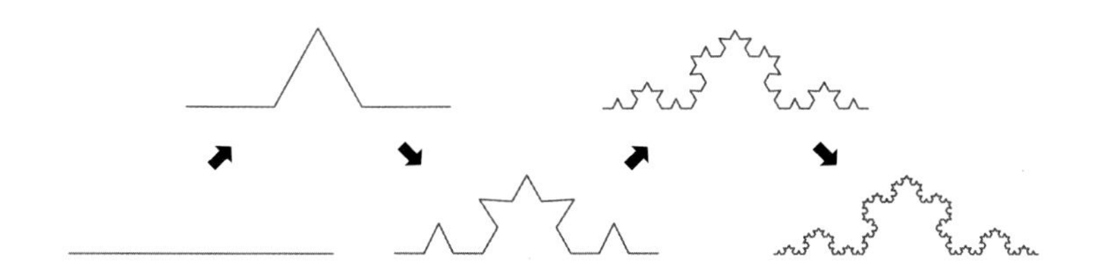

차원이란?

아래의 직선은 몇 차원일까?

또 아래 평면은 몇 차원일까? 평면에 들어 있는 삼각형은? 물론 색칠된 내부를 포함해서 말이다.

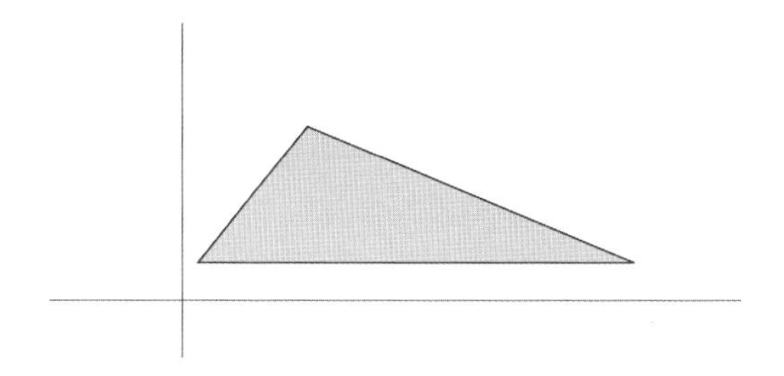

체육 시간에 신나게 갖고 노는 농구공은 몇 차원일까(내부 포함)? 수학에서 '차원'은 아주 중요하다. 수학자들은 1, 2, 3차원에서 발견되는 여러 수학적인 성질들을 자연스럽게 4차원, 5차원, ……, n차원으로 확장해 적용함으로써 전혀 그 존재 자체를 알 수 없는 n차원($n \geqq 4$)에 대해 수학 이론을 일반화했다. 이렇게 일반화된 n차원 정리들은 과학자들을 통해 여러 가지로 활용된다.

맨 처음에는 차원을 '한 공간에서 움직이는 점의 위치를 나타내는 데 필요한 최소한의 좌표 수'라고 정의했다. 그렇다면 직선 위를 움직이는 점은 좌표가 몇 개 있어야 정확한 위치를 나타낼 수 있을까? 예를 들어 고속도로를 달리고 있는 자동차 P의 정확한 위치를 나타내려면 어떻게 해야 할까?

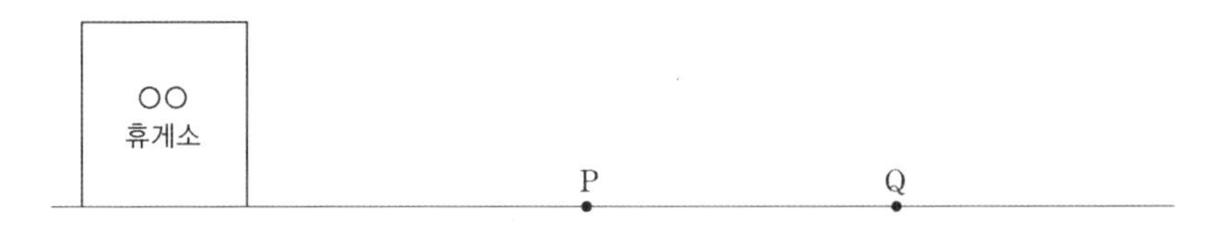

가장 간단하게 나타내려면 "○○ 휴게소에서 동쪽으로 △△km 지점에 있다."고 말하면 된다. 즉, 직선(곡선 포함) 위를 움직이는 물체는 기준점을 중심으로 해서 오른쪽 또는 왼쪽으로 얼마만큼 떨어져 있는가만 나타내면 된다. 이처럼 직선에서 필요한 좌표는 한 개뿐이며, 따라서 직선은 1차원이 된다.

평면은 몇 차원일까? 데카르트가 만들어 낸 좌표평면을 떠올려 보면, 점의 위치를 나타내는 데 (a, b), 즉 좌표가 두 개 필요하다는 것을 알 수 있다. 그렇다면 평면은 2차원이다. 한편 공간은 평면에 높이가 첨가되므로 좌표가 최소한 (a, b, c)꼴로 세 개 필요한 셈이다. 따라서 공간은 3차원이다.

새로운 차원의 등장

앞에서 살펴본 코흐 곡선은 정삼각형 모양으로 쉴 새 없이 꺾어지는 선으로 둘러싸여 있다. 그럼 이것은 몇 차원일까? 삼각형은 내부를 빼고 경계선만 볼 경우에 선분으로 이루어진 셈이므로 1차원이 된다. 그렇다면 코흐 곡선도 1차원일까? 일반적으로 선분이라는 것은 고유의 길이를 지닌다. 삼각형은 아무리 크게 그린다고 해도 둘레 길이의 합은 유한값이다. 하지만 코흐 곡선은 둘레의 길이가 무한대로 발산한다. 그러고 보면 코흐 곡선은 참 희한하다. 둘레의 길이는 무한값이면서 코흐 곡선이 이루는 코흐 눈송이의 내부 면적은 유한값이니 말이다. 코흐 곡선은 도대체 몇 차원인 걸까?

잠시 아래의 '페아노 곡선'도 한번 살펴보자. 이것은 점점 확장되면서 선분이 정사각형의 내부 전체를 메워 버리므로 선분의 차원인 1과 정사각형 내부의 차원인 2가 같아져야 할 상황이다.

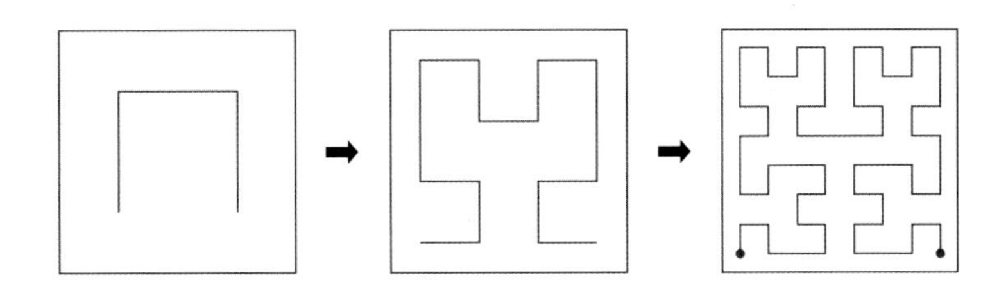

바로 여기서 차원의 개념을 다시 정의해야 할 필요가 생긴다. 기존의 차원 개념과도 맞아떨어지면서 코흐 곡선이나 페아노 곡선 같은 프랙탈 도형에도 적용되는 획기적인 차원 개념은 무엇일까? 바로 아래의 방법이 획기적인 차원 개념을 설명해 준다. log를 공부한 사람이라면 아래의 방법을 이용해 새로운 차원 계산에 도전해 보자.

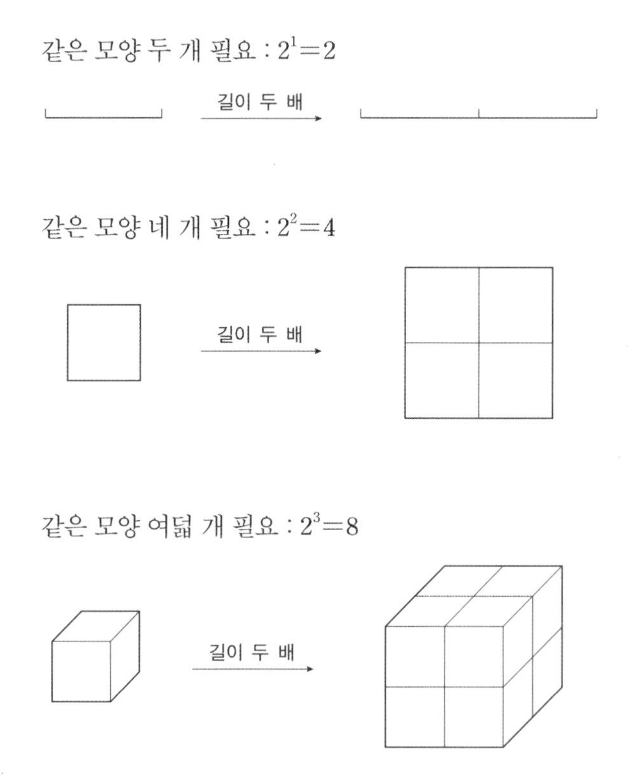

위 그림에서 각각의 경우는 다음과 같은 모양의 식을 얻는다.

$(\text{늘어난 배수})^{\text{차원}}=\text{필요한 단위 도형의 수}$

여기에 log를 적용하면 다음과 같이 된다.

차원$=\log_{(\text{늘어난 배수})}$ (필요한 단위 도형의 수)

이제 새로 정의한 차원 개념을 코흐 곡선에 적용해 보자. 아래 그림처럼 코흐 곡선 전체의 모양인 A와 왼쪽 한 부분의 모양인 B를 살펴보자.

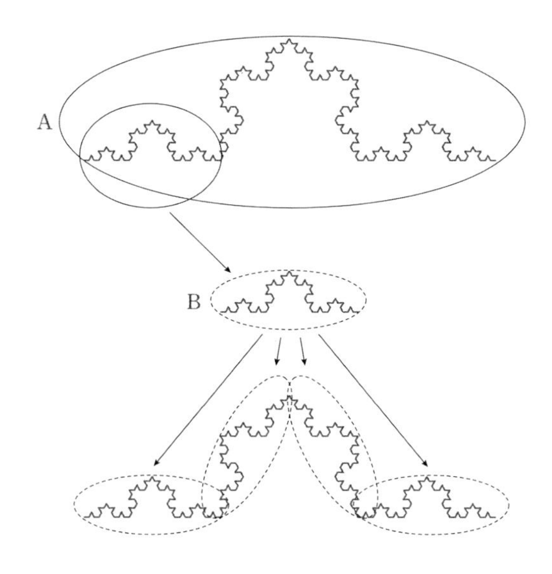

처음에 코흐 곡선을 그릴 때, 선분의 길이를 $\frac{1}{3}$씩 잘라 나갔으므로 B의 길이는 A의 $\frac{1}{3}$에 해당한다. 그러나 A, B 모두 무한히 꺾여 있으므로 자기닮음도형이며, B보다 세 배 큰 A를 만들려면 B가 네 개 필요하다. 이와 같은 사실을 위에서 정의한 차원 개념에 적용해 보자.

차원$=\log_3 4=\frac{\log 4}{\log 3}=1.2618$

즉, 코흐 곡선은 약 1.26차원이다. 이는 직선인 1차원도 평면인 2차원도 아닌 것이다. 그러나 1에 좀 더 가깝기 때문에 직선에 가깝다고 볼 수 있다. 이렇게 계산해 보면 페아노 곡선은 2에 가까운 분수 차원이 된다. 따라서 곡선이라기보다는 거의 평면이라고 봐야 맞다.

0.8만큼 미인

퍼지 이론

버드나무골에 사는 갑순이는 그 동네에서는 널리 알려진 미인으로, 두 뺨이 복사꽃같이 화사한 처녀이다. 동네 총각들은 먼발치에서 갑순이를 잠깐만 봐도 설레어 말 한마디 붙여 볼 날만 꿈꾸는데……. 이런 갑순이가 서울 나들이를 가게 되었다. 그야말로 서울에는 이것저것 신기한 것들이 많아 구경할 것 천지였다. 그런데 갑순이 눈에 번쩍 뜨인 저 물건! '미인 판별 컴퓨터'라고? 평소에 자기가 미인임을 자랑스럽게 여긴 갑순이, 당당하게 그 앞에 섰다. 그런데 이게 웬일? 컴퓨터 화면에 "키가 164.5cm로 자격 미달. 따라서 미인 아님."이라는 메시지가 떴다. 이런 나쁜 컴퓨터 같으니라고! 컴퓨터에 입력된 미인의 조건은 다음과 같았다.

■ 미인의 조건

키 _ 165 ~ 175cm

몸무게 _ 48 ~ 52kg

얼굴 너비와 길이의 비율 _ 1 : 1.4

코의 높이 _ 2 ~ 2.5cm

입의 크기 _ 7 ~ 9cm

다리의 길이와 키의 비 _ 1 : 2.1

……

0.8만큼 미인

우리는 어떤 사람을 보면 깊이 생각하지 않고도, 인상이 좋다든가 잘생겼다든가 하는 판단을 할 수 있다. 하지만 기계는 사람과는 달리 어떤 조건을 명확히 일러 주지 않는 한 그렇게 판단하기 어렵다. 컴퓨터가 어떤 사람이 미인인지 아닌지를 판단하도록 하려면 위에서처럼 먼저 미인의 조건들을 정해서 입력해 주어야 한다. 그런데 이런 경우에 문제가 생긴다. 갑순이의 예가 그러하다. 다른 조건은 다 만족하고 있는데 한 가지 조건에서 차이가 나는 경우에 기계는 가차없이 '아니오'를 선택해 버리는 것이다. 인간은 키에서 0.5cm 정도 차이 나는 것은 잘 구별하지도 못할뿐더러, 실제로 구별한다 해도 기계처럼 키에서의 0.5cm 차이 때문에 갑순이를 한마디로 "미인이 아니다." 하지는 않는다. 키가 좀 작은 듯해 아쉽긴 하지만 대체로 미인이라고 볼 것이다.

퍼지 이론은 '예'와 '아니오'밖에 모르는 기계의 이러한 맹점을 보완하고자 생겨났다. '퍼지'란 본디 '경계가 불분명하다', '애매모호하다'는 뜻의 말로, 퍼지 이론은 다름 아닌 판단 기준을 세분화한 것을 말한다. 갑순이의 예에서, 컴퓨터에 모든 조건을 만족하는 미인은 1로, 그 중 한

가지 조건에 미달인 사람은 0.8로, 두 가지 조건에 미달인 사람은 0.6 등으로 판단 기준을 세분화하여 입력해 놓았다면 무조건 "갑순이는 미인이 아니다." 하지는 않았을 것이다. 아마도 미인이라는 기준에 얼마만큼 근접해 있다는 척도로 "0.8만큼 미인이다." 하고 판단했을 것이다. 인간의 생각과 좀 더 가깝게 말이다, 알아서 척척.

기존의 에어컨은 인간이 스위치를 누르면 돌아가고 끄면 멈추었다. 그러나 퍼지 이론을 응용하여 만들면 달라진다. 에어컨에 어떤 상황을 인식할 수 있는 센서를 달아 센서가 감지하는 요소들을 퍼지 계산으로 추론하도록 하는 것이다. 예를 들어 에어컨에 사람의 움직임을 감지할 수 있는 센서를 달아 움직임 정도를 퍼지 계산으로 추론하도록 한다. 그리고 움직임이 많을 때에는 모터가 강하게 회전하도록, 움직임이 적을 때에는 모터가 약하게 회전하도록 하는 제어 기능을 갖추어 놓는다. 그러면 에어컨은 마치 인간의 마음을 아는 듯 좀 덥다고 느낄 때에는 강하게, 좀 서늘하다고 느낄 때에는 약하게 바람을 내보낸다.

이 밖에도 퍼지 이론은 다양한 전자 제품에 응용될 수 있다. 세탁물의 오염도와 무게를 감지해 물과 세제, 모터의 회전을 스스로 알아서 조절해 주는 퍼지 세탁기, 먼지의 양에 따라 모터 속도를 조절하는 퍼지 청소기, 쌀의 양과 수분 함량에 따라 가열 시간과 패턴을 조절해 주는 퍼지 밥솥 등 다양한 경우를 생각할 수 있다. 퍼지 이론은 기존의 기계가 내릴 수 있는 흑백 논리적 판단을 좀 더 세분화하여 인간의 생각에 가깝도록 응용한 이론이다. 이런 이유로 우리나라에서는 퍼지 이론을 응용한 전자 제품들을 '인공지능 제품'이라 부르기도 한다.

한편 퍼지 이론은 우리나라의 민족성과 생활양식에 잘 맞는 이론이라는 주장이 있다. 그 이유를 설명하는 데 종종 전통 갓과 창호지를 예로 든다. 과거 서양 사람들은 우리나라 사람들이 도대체 갓을 왜 쓰고 다니는지 이해하지 못했다. 구멍이 숭숭 뚫려 있어서 비도, 햇빛도 막아 주지 못하는 것을 왜 쓰느냐는 얘기다. 그러나 갓은 햇빛을 완전히 막아 버리는 서양의 모자와는 달리 오히려 적절하게 일부는 투과하도록 하고 일부는 막아 주는 역할을 한다. 창호지 또한 마찬가지다. 유리처럼 햇빛을 완전히 통과시키지도, 벽처럼 완전히 차단하지도 않고, 햇빛의 강도에 따라 적절하게 일부는 통과시키고 일부는 막아 준다. 그럼으로써 너무 눈부시지도 않고 너무 어둡지도 않게 알아서 조절해 준다. 이렇게 생각하면 선조들의 지혜가 그저 놀랍기만 하다.

퍼지 이론은 앞으로 응용 분야가 무궁무진해서 흥미를 끌고 있다. 꾸준한 연구로 우리나라가 이 분야에서 앞서 가는 성과를 이루면 좋겠다. 물론 그렇게 되려면 여러분의 꾸준한 관심과 노력이 필요하다.

찾아보기